钢结构工程设计与施工管理
全流程与实例精讲

牛春雷　编著

机械工业出版社

本书涵盖了钢结构工程管理的全过程，从设计和施工两个方面进行了阐述。不仅说明了钢结构工程管理的方法论，同时将钢结构工程的技术实践与方法论有机地结合起来，具体从钢结构材料的选用、结构选型、构件及节点设计、钢结构的深化设计、钢结构的加工和安装等方面的管理进行了深入讨论。

本书对钢结构工程的从业人员，包括业主、设计、监理、施工人员有借鉴和指导作用，也可供高等院校土建专业的师生参考使用。

图书在版编目（CIP）数据

钢结构工程设计与施工管理全流程与实例精讲/牛春雷编著.—北京：机械工业出版社，2023.6
ISBN 978-7-111-72952-5

Ⅰ.①钢…　Ⅱ.①牛…　Ⅲ.①钢结构－结构设计②钢结构－施工管理
Ⅳ.①TU391.04②TU758.11

中国国家版本馆 CIP 数据核字（2023）第 057698 号

机械工业出版社（北京市百万庄大街 22 号　邮政编码 100037）
策划编辑：薛俊高　　　　　　　责任编辑：薛俊高　范秋涛
责任校对：潘　蕊　梁　静　　　封面设计：张　静
责任印制：单爱军
北京联兴盛业印刷股份有限公司印刷
2023 年 6 月第 1 版第 1 次印刷
184mm×260mm·13.5 印张·297 千字
标准书号：ISBN 978-7-111-72952-5
定价：49.00 元

电话服务　　　　　　　　　　　网络服务
客服电话：010-88361066　　　　机　工　官　网：www.cmpbook.com
　　　　　010-88379833　　　　机　工　官　博：weibo.com/cmp1952
　　　　　010-68326294　　　　金　书　网：www.golden-book.com
封底无防伪标均为盗版　　　　　机工教育服务网：www.cmpedu.com

前　言

本书以钢结构工程全过程项目管理为写作对象，从钢结构工程设计和施工两个方面，讨论了钢结构工程管理的方法论，同时深入到钢结构工程的相关概念及主要技术方案，将工程管理的方法论与钢结构工程的技术实践有机地结合起来。

从章节的设置来看，本书可分为四个部分：

第一部分是概述，即第1章，阐述了钢结构工程的特点及应用，以及钢结构工程管理的工作内容清单。

第二部分是钢结构工程的设计管理，包括第2~5章，首先讨论了钢结构工程设计管理的方法论，然后从钢结构材料的选用、结构选型、构件和节点设计三个主要方面，对钢结构的设计管理进行了深入讨论。

第三部分是钢结构施工管理，包含第6~11章，从钢结构的专业工程招标、施工管理的方法论、钢结构的深化设计、钢结构的加工和安装、施工中的安全管理几个方面，对钢结构的施工管理进行了全面阐述。

第四部分则是与钢结构工程紧密相关的其他工程，包括防腐涂装、防火涂装、组合楼板工程，这三项工程对钢结构来说非常重要，不可或缺。此部分内容见第12章。

本书尽量用简练、通俗的语言来解释概念，说明技术方案，方便读者理解。钢结构专业的从业人员，不管是项目管理者还是技术人员，都可以从中找到自己需要的管理方法和技术知识。

编　者

目　　录

第1章 钢结构工程的特点及应用

1.1 钢结构工程的概念及特点

建筑结构工程的发展总是离不开结构材料的进步。钢材的发展为建筑结构带来深刻的变革，使超高层建筑结构、超大跨度的结构、异形的复杂建筑结构成为可能。

钢结构的优良表现都源于钢材本身的优良特性，强度高、材料匀质性好，韧性强，具有非常优良的受力和变形性能。

可以来对比一下钢材和混凝土（表 1-1、表 1-2）这两种常用材料的强度和物理力学性能指标。

表 1-1　混凝土的强度标准值（单位：N/mm²）和弹性模量（单位：10⁴N/mm²）

强度等级	C15	C20	C25	C30	C35	C40	C45	C50	C55	C60	C65	C70	C75	C80
轴心抗压强度 f_{ck}	10.0	13.5	16.5	20.0	23.5	27.0	29.5	32.5	35.5	38.5	41.5	44.5	47.5	50
轴心抗拉强度 f_{tk}	1.25	1.55	1.88	2.00	2.20	2.40	2.50	2.65	2.75	2.85	2.95	3.00	3.05	3.10
弹性模量 E_c	2.20	2.55	2.80	3.00	3.15	3.25	3.35	3.45	3.55	3.60	3.65	3.70	3.75	3.80

表 1-2　混凝土的其他物理力学性能指标

指标		数值	备注
热工指标	线膨胀系数 α_c	$1 \times 10^{-5}/℃$	混凝土在 0～100℃ 范围内的数值
	导热系数	10.6	
	导温系数	0.0045	
	比热	0.96	
混凝土剪切变形模量		按弹性模量的 0.40 倍采用	
混凝土泊松比		0.2	
混凝土的自重		24～25kN/m³	
混凝土在高温下的强度变化		混凝土的强度在 600℃ 之前下降不多，在 600℃ 之后下降明显，但随着混凝土强度和截面的加大，下降幅度变缓	

下面再看一下钢材的性能指标，见表1-3、表1-4。

表1-3 钢材的设计强度指标 （单位：N/mm²）

钢材牌号		钢材厚度或直径/mm	强度设计值			屈服强度 f_y	抗拉强度 f_u
			抗拉、抗压、抗弯 f	抗剪 f_v	断面承压（刨平顶紧） f_{ce}		
碳素结构钢	Q235	≤16	215	125	320	235	370
		>16，≤40	205	120		225	
		>40，≤100	200	115		215	
低合金高强度结构钢	Q355	≤16	305	175	400	345	470
		>16，≤40	295	170		335	
		>40，≤63	290	165		325	
		>63，≤80	280	160		315	
		>80，≤100	270	155		305	
	Q390	≤16	345	200	415	390	490
		>16，≤40	330	190		370	
		>40，≤63	310	180		350	
		>63，≤100	295	170		330	
	Q420	≤16	375	215	440	420	520
		>16，≤40	355	205		400	
		>40，≤63	320	185		380	
		>63，≤100	305	175		360	
	Q460	≤16	410	235	470	460	550
		>16，≤40	390	225		440	
		>40，≤63	355	205		420	
		>63，≤100	340	195		400	
建筑结构用钢板	Q355GJ	>16，≤50	325	190	415	345	490
		>50，≤100	300	175		335	

表1-4 钢材的其他物理力学性能指标

指标	数值	备注
弹性模量 E	$206 \times 10^3 \, \text{N/mm}^2$	
剪变模量 G	$79 \times 10^3 \, \text{N/mm}^2$	
线膨胀系数 α（以每℃计）	12×10^{-6}	
质量密度	78.5kN/m^3	
熔点	1500℃左右	
高温下的强度变化	当温度超过600℃时，强度急剧下降	

对比钢材和混凝土的物理力学性能，可以看出，钢材的强度要比混凝土高一个数量级，

而且不管是抗拉、抗压，其强度不变。钢材的弹性模量也要比混凝土高一个数量级，且不随钢材牌号而改变。

混凝土的抗压强度高，但抗拉性能差，所以，混凝土须与钢筋形成组合结构，混凝土抗压、钢筋抗拉来形成钢筋混凝土结构。

通过上述的性能对比来看，钢材确是一种非常优异的结构材料，在高层建筑中发挥着越来越重要的作用。

但钢材也有两个缺点，一是易锈蚀，二是防火性能差。钢材在周围温度超过 600℃ 时，强度会急剧下降，很快失去承载能力。所以，钢结构构件必须进行防腐和防火涂装，以弥补其性能的不足。

1.2　钢结构在建筑工程中的应用

1.2.1　钢结构结构体系及构件形式

钢结构简单说来，分为轻钢结构和重钢结构两种，轻钢结构主要包括以网架和网壳为代表的大跨度空间结构，广泛应用于体育场馆、会展中心、航站楼、候车大厅和工业厂房等，以及以门式钢架、轻钢框架、轻钢屋架为代表的各类轻钢结构，广泛应用于工业厂房、各种仓库、商业建筑、多层钢结构住宅等。重钢结构主要是指高层建筑钢结构，重钢结构一般具有钢材厚度大、钢材强度高、焊接工艺复杂及焊接工作量大等特点。本书着重对重钢结构的高层建筑进行介绍。

从目前情况来看，高层建筑的结构体系主要分为三种：钢筋混凝土结构体系，钢与混凝土的组合结构体系，纯钢结构体系。在 20 世纪 90 年代之前，我国的高层建筑较少，钢结构的高层建筑就更少，因为钢结构的用钢量大，造价较高，设计及施工技术比较复杂，配套材料不全等原因，那时期的高层建筑以钢筋混凝土结构体系为主。但进入 20 世纪 90 年代以后，钢材的产量和力学性能不断提高，施工技术也不断成熟，钢结构工程的综合效益也得到了很大的提高，尤其是超高层的建筑，钢结构更具有钢筋混凝土结构无法比拟的优势，因而在 20 世纪末和 21 世纪初，钢结构工程得到了飞速的发展。表 1-5 列出了近年来国内有代表性的高层钢结构建筑。

从上述工程实例来看，在目前的高层建筑中钢结构得到了越来越广泛的使用，而且值得注意的一点是，纯钢结构的体系越来越少，由钢-混凝土形成的组合结构体系成为目前高层建筑的主流。这是由于钢-混凝土组合结构，既具有全钢结构自重轻、施工速度快的特点，又在造价方面低于全钢结构，应该说组合结构兼有钢和混凝土结构的优点，是一种优化的结构类型。

钢-混凝土组合结构总的来说，可分为两种结构体系：

表 1-5 国内有代表性的高层钢结构建筑

序号	建筑名称	高度/m	建筑面积/m²	层数 (地上/地下)	用钢量/t	建造年份	地点	抗震设防烈度	结构体系
1	深圳地王商业大厦	383.95	149700	69/3	24500	钢结构安装工期：1994.5～1995.6；总工期：1993～1996.6；钢结构标准层安装9天4层	深圳市	7度	框筒，内筒为劲性混凝土柱及剪力墙核心筒，外围为钢框架
2	北京国贸中心二期工程	156	96000	39/3	7000	钢结构安装：1998.3～1998.9	北京市	8度	框筒，内筒为钢筋混凝土筒，外围为钢框架
3	上海21世纪大厦	183.75	10万	49/3	6700	钢结构安装合同工期：437天	上海市	7度	框筒，内筒为钢筋混凝土筒，外围为钢框架及支撑
4	上海环球金融中心	492	381600	101/3	52300	2003年复工，2008年8月竣工，2007年9月钢结构封顶	上海市	7度	劲性混凝土核心筒，周边为由巨型柱、带状桁架和巨型斜撑共同组成的巨型结构
5	北京银泰中心北塔楼	249.9	—	62/4	20000	项目工期：2003.6～2007.9；钢结构：2004～2006年	北京市	8度	由核心区区框架和外围框架组成的钢框架体系
6	中央电视台新址工程主楼	234	47万	51/3	14万	钢结构：2006.2～2008.4；最快6天1层	北京市	8度	钢框架内筒体系，刚度很弱，只承受部分竖向荷载，水平荷载、梁及斜撑主要由外围柱、梁之间用巨形钢桁架相连同形成的空间网状结构体系承担
7	上海金茂大厦	420.5	29万	88/3	18000	1994.5～1999.3	上海市	7度	内筒为劲性钢筋混凝土核心筒，外筒为巨型框架结构
8	北京电视中心	236.4	19.8万	42/3	38000	钢结构安装：2004.5～2005.7	北京市	8度	巨型钢框架体系，巨型柱由钢，钢梁和型钢组成；巨型柱之间用巨型钢桁架梁相连
9	北京国贸中心三期工程	330	54万	74/4	5万多	钢结构安装：2006.7～2007.10	北京市	8度	筒中筒结构体系，外筒为劲性混凝土框架体系，内筒为型钢混凝土筒体

　　第一种是钢筋混凝土核心筒 + 外围钢框架的体系，这也是目前一般高层建筑中使用较多的结构体系，如上海 21 世纪大厦，如图 1-1 所示。

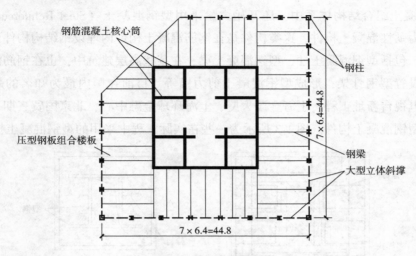

图 1-1　上海 21 世纪大厦标准层平面图

　　这类结构体系充分利用钢筋混凝土核心筒侧向刚度大的优点来承担水平力，在楼层比较高的情况下，核心筒墙体内可能设置一定量的型钢骨架。外围的钢框架则主要承担竖向荷载，有些工程根据结构内力分析和侧移计算结果，在结构顶层和每隔若干层的楼层内，设置若干道由芯筒外伸的纵、横向刚臂（伸臂桁架）及与之配套的外圈带状桁架。

　　第二种体系，内筒为钢筋混凝土或型钢混凝土核心筒，外围结构为密柱钢框筒或巨型结构，如上海金茂大厦及上海环球金融中心，如图 1-2 所示。

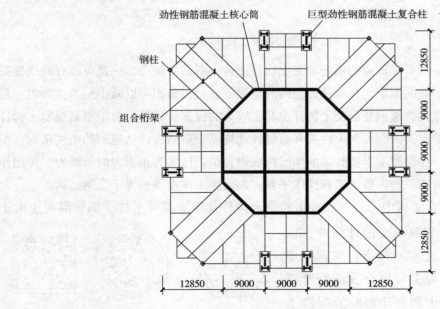

图 1-2　上海金茂大厦标准层平面图

这种体系适用于层数很多的超高层建筑，一般均需要在结构顶层和每隔若干层的楼层内，设置若干道由芯筒外伸的纵、横向刚臂（伸臂桁架）及与之配套的外圈带状桁架。

在钢-混凝土组合结构体系中，还开始大量采用型钢混凝土（Steel Reinforced Concrete）构件，或称为劲性混凝土构件，这类构件是在钢筋混凝土构件内埋设钢结构构件而形成的一种复合构件，包括型钢混凝土柱、型钢混凝土梁，在某些高层建筑中，也在钢筋混凝土核心筒剪力墙内设置型钢骨架，形成型钢混凝土剪力墙等。目前在国内最为知名的超高层建筑中，如中央电视台新址工程、上海金茂大厦、上海环球金融中心、北京国贸三期工程等，均大量采用了型钢混凝土构件。图 1-3 所示为一些在实际工程中采用的型钢混凝土构件。

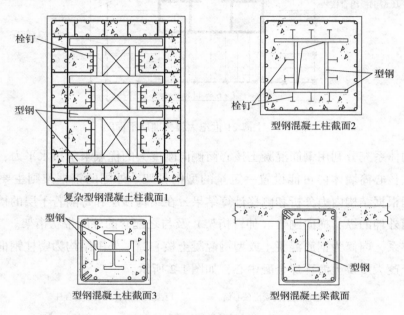

图 1-3　型钢混凝土构件

型钢混凝土构件相对于普通的钢筋混凝土构件而言，有诸多优点，一是可以有效地提高构件的承载力，减小截面面积，在承载力相同的情况下，截面面积可以减小一半；同时，型钢混凝土构件的延性比普通钢筋混凝土构件也有了较大的提高；另外，由于型钢混凝土构件有较厚的混凝土保护层，因而其耐火性能和防腐性能均高于钢结构；从施工的角度来看，型钢混凝土中的型钢，在混凝土未浇筑之前即已形成钢骨架，已具有相当大的承载力，可用作其上若干层楼板平行施工的模板支架和操作平台，因而施工速度仅稍慢于全钢结构。

在钢-混凝土组合结构中，另一种常用的组合构件是钢管混凝土柱。钢管混凝土由于能够同时提高钢材和混凝土的性能并方便施工而成为研究和应用的热点。按截面形式的不同，钢管混凝土可以分为圆钢管混凝土、方钢管混凝土和多边形钢管混凝土等，如图 1-4 所示。

图 1-4　钢管混凝土截面形式

目前，我国高层建筑中圆钢管混凝土的应用实例较多，也有部分采用矩形截面的钢管混凝土。与圆钢管混凝土相比，方钢管混凝土在轴压作用下的约束效果降低，但相对圆钢管混凝土的截面惯性矩更大，因此在弯压作用下具有更好的性能。同时，这种截面形式制作比较简单，尤其是节点处与梁的连接构造比较易于处理，因而在国外应用较多，在国内的应用也呈上升趋势。对于六边形等多边形钢管混凝土，其工作状态介于二者之间。钢管混凝土与泵送混凝土、逆作法、顶管法施工技术相结合，在我国超高层建筑及桥梁建设中已取得了相当多的成果。

1.2.2　钢结构与钢-混凝土组合结构的综合效益

钢结构工程的结构造价要高于钢筋混凝土工程。除了对某些超高层建筑在技术上必须采用钢结构体系以外，对于那些既可以采用钢结构，也可以采用钢筋混凝土结构或钢-混凝土组合结构的项目，项目管理者在结构选型时则会面临多种的选择。如果单纯从造价来看，钢结构肯定是不利的，但如果考虑到结构性能、有效使用面积、工期、使用灵活性等多种因素，钢结构仍然是非常有竞争力的选择。为了使最终的决策达到最优化，则要求项目管理者在结构选型阶段，必须对各种结构选型从技术、造价、工期等各方面进行综合考虑，最终选定一个最优的结构体系。

单纯从造价来看，对一个建筑工程项目而言，上部结构造价约占整个结构造价的 60%；而结构造价约占整个建安工程（包括结构、装修和设备）造价的 30%；建安工程造价又约占一个工程项目总投资（含土地、动迁、设计、管理费等）的 50%，据此，上部结构造价约占工程总投资的 9%。因而，钢结构与钢筋混凝土结构的差价在工程总造价中的占比不会大。上述是一个比较笼统的估计，目的是使项目管理者有一个大致的估计，而且近年来随着钢材产量的提高，建筑市场需求量减少，钢结构的造价已大大降低。

在造价的因素之外，项目管理者还应该考虑钢结构的综合效益，这些综合因素包括结构自重、工期、使用面积的增加、增加使用的灵活性等，以下将分别予以说明：

1. 结构自重

钢结构高楼的自重为 $8 \sim 11 kN/m^2$，钢筋混凝土高楼的自重为 $15 \sim 18 kN/m^2$，前者比后者减轻自重 40% 以上。

结构自重减轻，地震作用变小，使构件的内力减小，构件的截面也随之减小；同时，由于自重减轻，也可以使基础的造价得到降低。

2. 工期

钢结构由于工厂化程度高，施工速度大大快于钢筋混凝土结构。一般的钢结构高楼，每 4 天即可完成 1 层的安装，若采用螺栓连接的话，时间还可以进一步缩短。而钢筋混凝土结构高楼，由于混凝土凝固的技术间歇时间必须保证，则至少 6 天才能施工完成 1 层，如果支模和绑扎钢筋的工作比较复杂的话，时间还会进一步延长。简单推算的话，一栋 40 层的高楼，采用钢结构的话，工期可缩短近三个月。工期缩短，可提前投入使用，创造效益，同时节省贷款利息，这也是项目管理者最为关注的。

3. 使用面积的增加

由于钢结构强度高，钢柱截面的外轮廓面积比钢筋混凝土柱的截面面积大为减少，据不完全统计，钢柱和钢筋混凝土柱的结构面积分别约占总建筑面积的 3% 和 7%。以 8 万 m^2 的高楼为例，若采用钢结构，可增加有效使用面积 3200 m^2。

4. 增加使用的灵活性

由于钢结构强度大，钢梁的跨度可以显著增加，因而柱网的尺寸可以随之加大，这样就增加了建筑布置的灵活性；在柱网尺寸一定的情况下，钢梁的高度可以低于混凝土梁，同时，钢梁容许腹板开洞，用于穿越机电管道，否则机电管道只能布置在梁下，这样可以有效地增加室内净空。

1.3 钢结构工程管理的工作内容清单

钢结构工程的管理从建筑工程结构设计开始。现代的建筑师们倾向于表达结构之美，混凝土结构有厚重朴拙之美，而钢结构则显得轻灵飞动，能够表达复杂的体型和建筑理念。

建筑师们在构思自己的方案时，会征询结构工程师的意见，建筑概念设计的同时，也在进行结构的概念设计。当建筑方案确定下来的时候，其结构方案尚需要进一步的讨论，在初步设计阶段，结构选型的时候，会考虑更多的因素，如结构受力要求、项目管理需求（工期、造价、功能等），经过多方案的综合比较，才会最终确定下来，变成设计图样。若项目采用钢结构，也是在这一阶段确定下来。

钢结构在整个管理过程中，遵循结构工程管理的程序和规律，当然也有其自身的特点。钢结构在施工图设计完成后，进行钢结构专业工程招标，确定钢结构专业施工承包商，然后进行钢结构深化设计、钢材采购、工厂加工和现场安装。

表 1-6 列出了钢结构工程项目管理主要工作内容清单。

表 1-6 钢结构工程项目管理主要工作内容清单

序号	阶段		工作内容	备注
1		方案设计阶段	建筑方案招标，确定建筑师及建筑方案	
2			确定结构、机电等专业设计顾问	
3			建筑师总体协调，按工期要求，制订设计工作计划	
4			方案设计，结构概念设计	
5	设计阶段	初步设计阶段	结构设计的相关工作（岩土勘察、场地地震安全性评价、风洞试验、结构试验等）	
6			结构初步设计（结构选型、钢材选用、构件及节点设计等）	
7			抗震设防专项报审，按专家意见对初步设计进行调改	
8		施工图设计阶段	结构施工图设计	
9			结构施工图设计文件报审	

（续）

序号	阶段		工作内容	备注
10	钢结构专业招标		确定钢结构专业招标的策略	
11			编制钢结构专业招标文件（商务及技术规格书）	
12			对钢结构建筑市场的调研	
13			钢结构专业招标及签订合同	
14	施工阶段	深化设计	钢结构深化设计的组织和实施	
15			深化设计图样由结构设计师审核通过	
16		钢结构加工	钢结构加工方案的编制及审批	
17			钢结构材料的采购	
18			钢结构加工的准备及实施，进度协调	
19			钢结构表面防腐涂装	
20			钢构件的验收，形成过程验收文件	
21		钢结构安装	钢构件的运输（从工厂到安装现场）	
22			钢结构安装方案的编制和审批	
23			钢结构安装的准备与实施，过程中的进度协调	
24			钢结构安装的过程验收，形成过程验收文件	
25			钢结构表面防腐补涂	
26			钢结构表面防火涂装	
27			钢结构子分部工程验收	

第2章 钢结构设计管理概述及管理要点

 **本章思维导读**

    钢结构设计是结构设计的组成部分，其设计工作的管理不仅要遵循结构设计本身的规律，且作为整体设计管理工作的一环，要与其他专业设计工作协调配合。因此，讨论钢结构设计管理，必须要在讨论总体设计工作管理的基础上，再着重说明钢结构在其中的特点和作用。

2.1 设计工作的人员及范围管理

2.1.1 人员管理——设计方的组成

    建筑工程（此处仅讨论民用建筑）的工程设计方是一个综合的概念。从项目的前期阶段到工程的施工阶段，都会不断有新的设计方参加进来，共同完成工程项目的设计工作。设计方的组成主要有：

    1. 主设计方（建筑师）

    主设计方即业主通过方案招标选定的设计方，即由建筑师领衔的设计方，不仅提供工程主体的建筑、结构、机电设计等，同时还要提供设计综合、协调、施工配合等相关的服务。

    2. 工艺设计方

    工艺设计方为工程项目提供特定使用功能的专业设计及相关的服务，如电视台项目需要电视工艺设计方；剧场项目需要剧场工艺设计方；酒店项目则需要酒店工艺设计方。工艺设计的专业性较强，往往是主设计方所欠缺的。

    3. 深化设计（二次设计）**方**

    某些特殊工程，如钢结构、幕墙、弱电、改造工程等，通用的设计规则通常不能表达到施工的深度，需要对施工图进行深化设计，以满足施工安装、材料准备、预算等的需要。深化设计方一般由施工承包商或系统集成商构成。深化设计是在主设计方提供的施工图的基础上进行，其深化设计须报主设计方审核批准，才可以交付施工。

4. 市政设计单位

按照行业内习惯做法，电力、热力、网络通信等专业的大市政配套工程应由具备相应资质的市政设计单位来设计。

5. 专业的设计顾问

在大型的工程项目中，还存在大量的专业设计顾问，如厨房、标识、景观、装修等，提供专业的设计咨询服务。

2.1.2　设计工作参与各方之间的关系

从图 2-1 的设计关系简单示意可以看出，这些设计方和业主是一种工作隶属关系，参与设计的各方一般都是由业主分别委托的，而图中虚线则表示一种双向的协调配合关系。在设计关系的协调之中，主设计方处于中心地位。主设计方还要对自身的多项

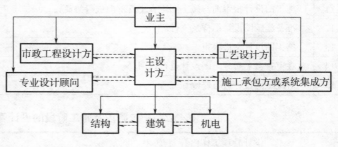

图 2-1　工程项目设计关系图

专业设计进行协调。因此，主设计方的项目管理工作，特别是协调管理工作，是关系到项目成功的一个非常重要的因素。在施工阶段，主设计方虽然不是主体，但也是施工的支持者和重要的监督和协调者。

结构工程在方案设计阶段由建筑师和结构工程师进行概念设计。在初步设计阶段，由结构工程师进行结构选型，构件和节点设计，在这个过程中，结构设计在满足结构受力的前提下，要与其他专业配合，满足他们对于平面布置、荷载承力、预埋、开洞等一系列的设计配合事项。结构施工图设计则要完成结构的细部设计，也要落实其他专业的各项细部要求，如预留预埋、开洞等。

2.1.3　范围管理——设计管理的工作内容

工程设计分为方案设计、初步设计和施工图设计三个阶段。在每个设计阶段，除了专业设计本身以外，设计工作内容还包括设计协调和服务。设计服务不仅仅局限在设计阶段，还应包括施工阶段和竣工阶段的设计服务工作。业主方应尽可能全面地将设计工作内容委托给设计方。表 2-1、表 2-2 罗列了结构设计工作（含钢结构）的各项工作内容。

表 2-1　设计阶段的设计管理工作内容

序号	设计管理工作内容	说明
1	与其他设计工种相协调，制订详细的设计工作进度计划	由业主和设计方共同承担
2	结构（含钢结构）的方案设计	由设计方承担
3	初步设计阶段的结构（含钢结构）设计	由设计方承担

（续）

序号	设计管理工作内容	说明
4	抗震设防专项报审前与审查主管部门进行协商（若有）	由业主牵头，设计方共同参与
5	准备初步设计图样和文件	由设计方承担
6	抗震设防专项报审	由业主牵头，设计方共同参与
7	在审查会上对初步设计进行说明	由设计方承担
8	对初步设计进行修改和完善	由设计方承担
9	在批准的初步设计的基础上进行扩展研究，确定施工图设计方案	由设计方承担
10	结构（含钢结构）的施工图设计	由设计方承担
11	施工图设计报审前与施工图审查主管部门进行协商	由业主牵头，设计方共同参与
12	准备施工图设计图样及文件	由设计方承担
13	施工图设计文件报审	由业主牵头，设计方共同参与
14	在审查会上对施工图设计进行说明	由设计方承担
15	对施工图设计进行修改和完善	由设计方承担

表 2-2　施工阶段及竣工阶段的设计管理工作内容

序号	设计管理工作内容	说明
1	施工图技术交底和答疑	设计方的责任
2	钢结构深化图样的设计	由业主另行委托其他单位承担
3	钢结构深化设计图样的审查批准	设计方的责任
4	施工过程中的技术支持	设计方的责任
5	参加工地会议	施工过程中，有大量的工地会议，如监理例会、技术协调会等需要设计方参加
6	施工质量定期检查和控制	对工程质量，设计方应进行定期检查，看是否满足设计的要求和意图，提出意见
7	设计变更和工程洽商的处理	设计方的责任
8	工程初步验收	设计方应参加工程的初步验收，以发现工程中存在的问题，以便施工方在竣工验收前进行调改
9	工程试运行	设计方应参与这项工程，在过程中给予技术配合
10	工程竣工验收	竣工验收由业主牵头，设计方应参加
11	工程竣工图的编制	钢结构的竣工图应包括施工图和深化图两部分，一般由施工方完成竣工图的编制，设计方审核
12	编制竣工报告	设计方应负责设计部分的竣工报告

2.2　设计阶段的划分及各阶段的管理重点

建筑工程设计划分为方案设计、初步设计和施工图设计三个阶段。这是国家基本建设程序的要求，也符合解决问题的合理步骤和方法。每一阶段解决问题的角度不同，遵循先大后小，先整体后局部的思路，因而每一阶段的管理重点不同。下面重点就结构工程在各个阶段的管理重点进行说明。

2.2.1　方案设计阶段

方案设计阶段严格来说，应该分为方案定标前和定标后两个阶段。目前，很多项目通过方案招标来确定建筑方案，在方案投标过程中，设计方不仅要关注建筑方案的功能、造型和建筑的外观特点等，也需要考虑方案在结构上的合理性和可行性。在方案投标文件中应提交相应的结构设计内容，主要应包括基础选型、上部结构选型，以及新结构、新技术的应用情况等。在投标后到设计合同签订的这一段时间里，业主方应对建筑方案进行一个全面的评价，其中也包括对结构可行性和经济合理性的评价。对于一个造型规则、高度在规范限定范围内的建筑方案，这样的问题并不突出，但对于造型不规则、竖向刚度突变较大、高度也超限的建筑方案，则必须对建筑方案的结构可行性和经济合理性进行充分的论证，越是体型不合理的建筑，其在结构造价上的投入也越大，业主必须充分认识到这一点，在确定建筑方案时加以考虑。

如何进行这种评估呢？从一般业主的角度来说，是缺乏这种专业能力的，必须邀请专家和顾问来进行评估。对于结构可行性来说，应邀请行业内的设计和施工专家进行评估。至于经济合理性的评价，应邀请专业的造价顾问进行评估，并提交评估报告。总之，在签订设计合同前，业主必须对建筑方案的结构可行性和经济合理性进行充分的评估，做到心中有数，再决定采用哪个方案。

在设计合同签订以后，通常还需要对方案设计进行深化。这时，深化的重点主要在建筑的功能、外观特点和平立面布局上。在这一阶段形成的方案设计文件，其深度应满足《建筑工程设计文件编制深度规定》的要求，该深度要求对结构方案设计的深度要求是比较浅的，甚至不要求提供结构设计的图样。在该深度要求基础上编制的方案设计文件，就可以提交给政府规划审批部门，取得《审定设计方案通知书》。

2.2.2　初步设计阶段

初步设计阶段对结构设计来说，是最为重要的一个阶段。这一阶段要着重解决结构设计中的一些重大问题，包括基础选型、上部结构选型、结构抗震体系、结构设计的优化、新技术、新材料的应用等问题。因而，对于初步设计，必须要给予充分重视。

1. 结构初步设计的准备工作

在进行结构初步设计之前，需要业主委托进行一些工作，以便为工程的结构设计提供基础的设计参数，这些工作主要包括岩土工程勘察、工程场地地震安全性评价、风洞试验等，以下将分别予以说明：

（1）岩土工程勘察　各项工程建设在设计之前，必须按照基本建设程序进行岩土工程勘察。岩土工程勘察是分阶段来进行的，分为可行性研究勘察、初步勘察和详细勘察三个阶段。可行性研究勘察在项目的可行性研究阶段就已进行，其目的是对拟建场地的稳定性和适宜性做出评价，为项目的选址提供依据。在进入设计阶段以后，需进行初步勘察和详细勘察。在建筑方案已经确定的情况下，往往跳过初步勘察这一阶段，直接进行详细勘察。详细勘察按照单体建筑物或建筑群提出详细的岩土工程资料和设计、施工所需的岩土参数；对建筑地基做出岩土工程评价，并对地基类型、基础形式、地基处理、基坑支护、工程降水和不良地质作用的防治等提出建议。

进行岩土工程勘察，应由结构设计方提出详细勘察的技术要求，并编制招标文件，进行勘察设计招标。勘察单位在投标时提交勘察方案。勘察方案应满足设计方提出的勘察设计技术要求，以及《岩土工程勘察规范》的要求。在对勘察方案和投标报价进行综合评价后，确定岩土勘察的设计单位。岩土勘察单位的工作主要分为室外工作和室内工作两个部分。室外工作是指在工程现场进行钻探取样，室内工作是指进行相应的土工试验并编制岩土工程勘察报告。

勘察报告编制完成后，应按照《房屋建筑和市政基础设施工程施工图审查管理办法》的要求进行勘查文件的审查，审查合格后即可以提交给设计方作为结构设计的依据。

（2）工程场地地震安全性评价　按照基本建设程序，工程建设项目须进行工程场地的地震安全性评价。但必须明确的一点是，并不是所有的工程都需要进行场地的地震安全性评价。一个项目是否要进行场地的地震安全性评价，要依据当地省、市行政主管部门制定的工程场地地震安全评价具体规定来执行。

进行工程场地的地震安全性评价的目的是对工程场地未来可能遭受的地震影响做出评价，并确定以地震动参数和烈度表述的抗震设防标准。具体包括地震烈度复核、地震危险性分析、设计地震动参数（地震动时程）确定、地震影响小区划、场址及周围地震地质稳定性评价等。工程场地地震安全性评价将为工程抗震设计提供基础性的设计参数。

工程场地地震安全性评价应委托持有工程场地地震安全性评价许可证书的单位来进行，并提交工程场地地震安全性评价报告。评价报告应当由承担任务单位报相应省、地、市地震安全性评定委员会评定通过后，报市省、地、市地震局审批。对于国家级项目报国家地震烈度评定委员会评定，由中国地震局审批，同时报省、地、市地震局备案。

（3）风洞试验　根据《建筑结构荷载规范》（GB 50009），对于重要且体型复杂的房屋和构筑物，应由风洞试验来确定风荷载。使用风洞试验测量风荷载一般能得到较经济的结构和提高结构的效能，而且把欠安全设计的风险减到最低。进行风洞试验的目的主要有以下几项：

1）对项目所在地的风气候进行定量描述。

2）确定房屋和构筑物的风荷载，供上部结构设计和基础设计使用。

3）确定房屋和构筑物表面局部的风压，供幕墙及其支架结构和通风设备设计使用。

4）通过风速测试以确定项目范围内及其周边的行人区风舒适度，所得资料将用于指导园林设计，并制订楼宇维修装置的安全使用措施。

5）确定项目范围内及其周边的雪飘移的规律，并评估雪从高处坠下的可能性及确定个别雪荷载超出规范的位置。

以上各项目的或称委托内容，应由业主和设计方根据工程的实际需要来选用。有些是必需的，如第1）、2）、3）项，另两项可根据工程的实际需要选用。在进行风洞试验前，应由结构设计方提出详细的技术要求，然后由业主委托风洞试验室来进行。风洞试验完成后，应提交试验报告，作为结构风荷载设计和幕墙风压设计的依据。

2. 结构选型

在初步设计阶段，结构设计最重要的工作便是结构选型。结构选型不仅要考虑结构受力的因素，同时也要考虑建筑功能的需求，以及工期、造价的因素。对于复杂的结构形式，还需要考虑施工可建性的问题，复杂的结构形式往往需要超常规的施工手段，超常规的施工手段往往会带来额外的设计问题。

结构选型要确定采用何种结构形式，钢筋混凝土结构、纯钢结构或钢-混凝土组合结构，同时也要确定结构构件的平立面布置，构件的形式及大小等。

本书第 4 章将对钢结构工程选型的问题进行专项讨论。

3. 结构超限审批工作

对于超限高层建筑结构，则应当按照《超限高层建筑工程抗震设防管理规定》（住建部令第 111 号），进行超限高层的抗震设防专项审查。该规定明确了所谓的超限高层建筑工程是指超出国家现行规范、规程所规定的适用高度和适用结构类型的高层建筑结构工程，体型特别不规则的高层建筑工程，以及有关规范、规程规定应进行抗震专项审查的高层建筑工程。该规定明确要求：在抗震设防区内进行超限高层建筑工程的建设时，建设单位应当在初步设计阶段向工程所在地的省、自治区和直辖市人民政府建设行政主管部门提出专项报告，并承担相应的审查费用。超限高层建筑工程所在地的省、自治区和直辖市人民政府建设行政主管部门负责组织超限高层建筑工程抗震设防专家委员会，对超限高层建筑工程进行抗震设防专项审查，并对抗震设防专项审查意见承担相应的审查责任。对于审查难度大和审查意见难以统一的，工程所在地的建设行政主管部门可请全国超限高层建筑工程抗震设防专家委员会提出专项审查意见，并报国务院建设行政主管部门备案。

超限高层建筑工程的抗震设防专项审查内容包括建筑的抗震设防分类、抗震设防烈度（或设计地震动参数）、场地地震性能评价、抗震概念设计、主要结构布置、建筑与结构的协调、使用的计算程序、结构计算结果、地基基础和上部结构抗震性能评估等。建设单位申报超限高层的抗震设防专项审查时，应提供如下的材料：

1）超限高层建筑工程抗震设防专项审查表。

2）设计的主要内容、技术依据、可行性论证及主要抗震措施。

3）工程勘察报告。

4）结构设计计算的主要计算结果。

5）结构抗震薄弱部位的分析和相应措施。

6）初步设计文件。

7）设计时参照使用的国外有关抗震设计标准、工程和震害资料及计算机程序。

8）对要求进行模型抗震性能试验研究的，应当提供抗震试验研究报告。

对于应进行超限审查而未报审的，建设行政主管部门将不予以审查施工图。对于未在施工图设计中执行超限审查专项审查意见的，施工图审查将不予以通过。

实际上，对于超限高层建筑工程来说，超限审查是初步设计阶段最为重要的一项工作，可以说整个初步设计阶段的结构设计工作往往会围绕通过超限审查来展开。对于一些复杂的超限高层建筑工程，整个超限审查的工作会拖得很长，需要多轮次的与专家委员会的沟通，补充计算分析结果，甚至需要补充试验的资料，这些分析和试验工作需要大量的时间来准备。有时专家提出的意见也不尽合理，也需要设计方做大量的分析工作来说服专家委员会。所以，对于项目管理者来说，必须对超限审查给予充分的重视，在初步设计阶段要及早予以安排，尽快开始相关的准备工作。

2.2.3 施工图设计阶段

1. 施工图设计阶段的设计工作重点

施工图设计阶段结构的设计工作内容是比较明确的，即需要将结构设计的细节内容全部确定下来，以满足施工的需要。《建筑工程设计文件编制深度规定》对施工图设计的深度有非常明确的要求。对于钢结构工程来说，施工图设计又分为设计图（通常所称的施工图）和施工详图（通常所称的钢结构深化设计图，或称为加工制作图）两个阶段，设计图应由具有设计资质的设计单位完成，其内容和深度应满足编制钢结构施工详图的要求。钢结构施工详图一般应由具有钢结构专项设计资质的加工制作单位完成，也可由具有该项资质的其他单位完成。钢结构施工详图在编制完成后，应报设计图的设计单位审批，以核查是否符合原设计意图，审批完成后由设计单位签字认可。

2. 施工图设计的报批和审查

按照住建部令第13号《房屋建筑和市政基础设施工程施工图审查管理办法》及其修改决定，国家实行施工图设计文件（含勘查文件）审查制度。所谓施工图审查是指建设主管部门认定的施工图审查机构按照有关法律、法规，对施工图涉及公共利益、公共安全和工程建设强制性标准的内容进行的审查。施工图审查合格后才能办理施工许可证，并进行施工。

施工图应当由建设单位送审查机构审查。建设单位可以自主选择审查机构，但审查机构不得与所审查项目的建设单位、勘查设计企业有隶属关系。审查机构须具有建设行政主管部门认定的审查资质。若待审查的工程是超限工程，应注意选择具有超限工程审查资格的审查机构。

建设单位应当向审查机构提供下列资料：①作为勘查、设计依据的政府有关部门的批准文件及附件；②全套施工图；③其他应当提交的材料。

审查机构应当对施工图审查下列内容：①是否符合工程建设强制性标准；②地基基础和

主体结构的安全性；③消防安全性；④人防工程（不含人防指挥工程）防护安全性；⑤是否符合民用建筑节能强制性标准，对执行绿色建筑标准的项目，还应当审查是否符合绿色建筑标准；⑥勘察设计企业和注册执业人员以及相关人员是否按规定在施工图上加盖相应的图章和签字；⑦法律、法规、规章规定必须审查的其他内容。

2.3 设计文件的深度是质量管理的重点

设计工作的质量体现在设计文件的完整性、正确性以及设计深度三个方面。其中，对于设计深度的管理是最不容易掌握的。国家规范《建筑工程设计文件编制深度规定》只是一个通用的规定，每个项目应根据项目的实际情况，对设计深度的要求进行明确和细化。

尤其是对于钢结构、幕墙和弱电工程等需要二次设计的专业，对于主设计方施工图应达到的设计深度，应结合设计深度的规定和工程实际的情况，提出具体的要求。原则上施工图深度应满足编制招标文件，有效控制造价，编制深化设计文件，并满足结构施工预留、预埋的要求。以上是原则要求，每个项目应根据工程的具体情况加以明确。

另外，在设计深度中需要注意：必须要重视初步设计的深度。初步设计重点在于解决重大的技术方案问题，复核确定各专业的基础设计参数，为后续的施工图设计打下坚实基础。

对结构专业而言，初步设计阶段着重解决结构选型的问题。除了建筑方案，结构工程师要综合考虑安全、造价、施工可建性、材料等因素。只有结构选型的工作做得比较深入而全面，后续的结构设计工作才能够在一个稳固、合理的基础上快速前进。因此这也是项目管理者必须给予重点关注的地方，应要求结构设计师提出多种结构选型的方案，必要时可邀请行业内的专家帮助优化。最终设计方应提供结构选型的报告，对各个结构方案的平立面布置、受力合理性、施工可建性和造价等有比较详细的分析，并在此基础上，确定最优化的结构体系。

对于机电专业来说，初步设计阶段则着重解决系统设计和主要设备选型、机电主干管线的布置和综合、管道井的布置等问题。

对于工程造价管理来说，初步设计阶段是造价控制最为重要的一个阶段，工程造价的80%以上在初步设计阶段都可以确定下来。造价的控制应结合技术方案的探讨来进行，必要时可采用限额设计的方法。

2.3.1 方案设计阶段结构工程的设计深度

按照《建筑工程设计文件编制深度规定》的要求，方案设计阶段只需要提供结构设计说明，并不要求设计图样，结构设计说明应包括以下内容：

1. 工程概况

1）工程地点、工程周边环境、工程分区、主要功能。

2）各单体（或分区）建筑的长、宽、高，地上与地下层数，各层层高，主要结构跨度，特殊结构及造型，工业厂房的起重机吨位等。

2. 设计依据

1）主体结构设计使用年限。

2）自然条件：风荷载、雪荷载、抗震设防烈度，有条件时简述工程地质概况。

3）建设单位提出的与结构有关的符合有关法规、标准的书面要求。

4）本专业设计所执行的主要法规和所采用的主要标准（包括标准的名称、编号、年号和版本号）、场地岩土工程初勘报告。

3. 建筑分类等级

建筑结构安全等级、建筑抗震设防类别、主要结构的抗震等级、地下室防水等级、人防地下室的抗力等级，有条件时说明地基基础的设计等级。

4. 上部结构及地下室结构方案

1）结构缝（伸缩缝、沉降缝和防震缝）的设置。

2）上部及地下室结构选型概述，上部及地下室结构布置说明（必要时附简图或结构方案比选）。

3）简述设计中拟采用的新结构、新材料和新工艺等；简要说明关键技术问题的解决方法，包括分析方法（必要时说明拟采用的进行结构分析的软件名称）及构造措施或试验方法。

4）特殊结构宜进行方案可行性论述。

5. 基础方案

有条件时阐述基础选型及持力层，必要时说明对相邻既有建筑物的影响等。

6. 主要结构材料

混凝土强度等级、钢筋种类、钢绞线或高强钢丝种类、钢材牌号、砌体材料、其他特殊材料或产品（如成品拉索、铸钢件、成品支座、消能或减振产品等）的说明等。

7. 需要特别说明的其他问题

如是否需进行风洞试验、振动台试验、节点试验等。对需要进行抗震设防专项审查或其他需要进行专项论证的项目应明确说明。

8. 绿色建筑要求

当项目按绿色建筑要求建设时，说明绿色建筑设计目标，采用的与结构有关的绿色建筑技术和措施。

9. 装配式建筑要求

当项目按装配式建筑要求建设时，设计说明应有装配式结构设计专门内容。

2.3.2 初步设计阶段结构工程的设计深度

初步设计阶段结构设计的深度对工程的顺利进展非常重要，其目的一方面使结构设计的一些重要问题得以解决，使后续的施工图设计能够顺利进行；另一方面，对于采用扩大初步设计进行施工承包商招标的项目，初步设计的深度对于工程的造价控制更具有非常重要的意义。

如何控制初步设计的深度呢？《建筑工程设计文件编制深度规定》对初步设计的深度进行了比较明确的规定。该深度规定要求：在初步设计阶段，结构专业设计文件应包括设计说明书、设计图样、建筑结构超限设计可行性论证报告和计算书。对于设计图样，要求提供：①基础平面图和主要基础构件的截面尺寸；结构平面图不能表示清楚的结构或构件，可采用立面图、剖面图、轴测图等方法表示。②主要楼层结构平面布置图，注明主要的定位尺寸、主要构件的截面尺寸。③结构主要或关键性节点、支座示意图等。④伸缩缝、沉降缝、防震缝、施工后浇带的位置和宽度，应在相应平面图中表示。

从如上的要求可以看出，初步设计阶段主要解决结构设计方面的重大问题，为后续的施工图设计奠定基础。该深度要求可以满足编制概算的要求，但用来进行施工招标略显不足，这也是与目前国家的工程管理体制相适应的，采用施工图进行施工招标。

建设工程招标投标有关规定要求，建设工程招标须有满足招标需要的文件和技术资料，并未明确要求必须采用施工图或其他形式的文件。满足招标需要是一项比较模糊的要求，建设单位可以采用施工图，也可以采用扩大初步设计（EPD）图样。但建设单位必须承担由此带来的造价控制上的风险。一旦建设单位决定采用 EPD 图样来进行招标，那么，就应该对 EPD 设计的深度加以控制，以规避造价控制上的风险。目前，国内外并没有对于 EPD 设计深度的一个详细定义，它是介于《建筑工程设计文件编制深度规定》定义的初步设计和施工图设计之间的一个深度。建设单位在签订设计合同的时候，必须对 EPD 设计的深度进行详细的规定。总体来说，EPD 设计的深度应满足编制工程量清单的要求。

具体到钢结构工程来说，EPD 设计的深度还应包括以下几点：

1）结构平面布置图：应包括标准层、特殊楼层及结构转换层，注明定位尺寸。

2）不仅要提供主要构件的截面尺寸，对于主要的次要构件也应确定其截面尺寸，如主要的次梁、支撑等。

3）对于钢结构来说，另一个关键点是节点设计，节点设计会造成较大用钢量的增加，增幅可达到 10% 以上，所以必须要求 EPD 设计对于典型的节点和特殊的节点有详细的设计，同时对于钢结构与基础的连接节点也应有详细的设计。

4）配合其他专业的要求，如机电、幕墙、电梯等，会在结构上增加大量的二次结构，有时甚至需要对主结构进行修改、加强。当然，在初步设计阶段，能够将其他专业对结构的影响全部确定下来是比较困难的，牵涉到其他专业的设计深度，有时需要专业顾问和承包商能够及时招标到位。但如果在 EPD 设计阶段，能够将其他专业对主结构的主要影响确定下来，那么对控制造价是非常有利的。

2.3.3　施工图设计阶段结构工程的设计深度

根据《建筑工程设计文件编制深度规定》，钢结构设计施工图的内容和深度应能满足进行钢结构制作详图设计的要求。钢结构制作详图一般应由具有钢结构专项设计资质的加工制作单位完成，也可由具有该项资质的其他单位完成，其设计深度由制作单位确定。钢结构设计施工图不包括钢结构制作详图的内容。

钢结构设计施工图应包括以下内容：

1. 钢结构设计总说明

以钢结构为主或钢结构（包括钢骨结构）较多的工程，应单独编制钢结构（包括钢骨结构）设计总说明。

1）概述采用钢结构的部位及结构形式，主要跨度等。

2）钢结构材料：钢材牌号和质量等级，以及所对应的产品标准；必要时提出物理力学性能和化学成分要求及其他要求，如 Z 向性能、碳当量、耐候性能、交货状态等。

3）焊接方法及材料：各种钢材的焊接方法及对所采用焊材的要求。

4）螺栓材料：注明螺栓种类、性能等级，高强螺栓的接触面处理方法、摩擦面抗滑移系数，以及各类螺栓所对应的产品标准。

5）焊钉种类及对应的产品标准。

6）应注明钢构件的成型方式（热轧、焊接、冷弯、冷压、热弯、铸造等）、圆钢管种类（无缝管、直缝焊管等）。

7）压型钢板的截面形式及产品标准。

8）焊缝质量等级及焊缝质量检查要求。

9）钢构件制作要求。

10）钢结构安装要求，对跨度较大的钢构件，必要时提出起拱要求。

11）涂装要求：注明除锈方法及除锈等级以及对应的标准；注明防腐底漆的种类、干漆膜最小厚度和产品要求；当存在中间漆和面漆时，也应分别注明其种类、干漆膜最小厚度和要求；注明各类钢构件所要求的耐火极限、防火涂料类型及产品要求；注明防腐年限及定期维护要求。

12）钢结构主体与维护结构的连接要求。

13）必要时应提出结构检测要求和特殊节点的试验要求。

2. 基础平面图及详图

应表达钢柱的平面位置及其与下部混凝土构件的连接构造详图。

3. 结构平面（包括各层楼面、屋面）**布置图**

应注明定位关系、标高、构件（可用粗单线绘制）的位置、构件编号及截面形式和尺寸、节点详图索引号等；必要时应绘制檩条、墙梁布置图和关键剖面图；空间网架应绘制上、下弦杆及腹杆平面图和关键剖面图，平面图中应有杆件编号及截面形式和尺寸，节点编号及形式和尺寸。

4. 构件与节点详图

1）简单的钢梁、柱可用统一详图和列表法表示，注明构件钢材牌号、必要的尺寸、规格，绘制各种类型连接节点详图（可引用标准图）。

2）格构式构件应绘出平面图、剖面图、立面图或立面展开图（对弧形构件），注明定位尺寸、总尺寸、分尺寸，注明单构件型号、规格，绘制节点详图和与其他构件的连接详图。

3）节点详图应包括连接板厚度及必要的尺寸、焊缝要求，螺栓的型号及其布置，焊钉布置等。

2.4　设计进度及造价管理

2.4.1　设计进度管理

设计工作本身的进度管理相对比较简单，在签订设计合同时，已根据整体工程的进度确定了设计进度计划，并据此进行设计进度控制。但在设计进度控制的过程中，最困难的因素是政府审批对设计进度的影响，项目管理者须重点加以考虑和解决。

设计工作对整体工程进度的影响，很多项目管理者往往并没有清晰的认识。但实际上，设计阶段的工作对工程进度的影响最大，可以说是决定性的。设计阶段的各项决策和设计工作的质量都将对工程的进度产生深远的影响。也只有在设计阶段，才能够最大限度地让项目管理者实现对工程进度的主动控制。一旦进入施工阶段，项目管理者对进度的控制就已经很有限了。所以，做好设计工作，是工程进度控制的前提。

下面将结合钢结构工程的特点对设计阶段进度控制的重点工作进行说明：

1. 设计需求的完善和稳定

设计需求是设计工作的基础，建设单位的设计需求应是经过了充分的论证和研究后确定下来的，不应轻易做出调整，尤其在施工阶段，任何设计需求的调整带来的都是相关专业一系列的设计变更，对现场进度的影响非常明显。

2. 设计文件的质量

设计文件必须完整、正确，设计深度满足施工要求，这是保证工程进度的一个必要条件。但在实际工程中，设计文件中最容易出问题的地方是专业配合，由于各专业之间配合不到位，出现不少的设计问题，导致大量的设计变更，对进度的影响也是可观的。应通过有效的手段来保证设计方加强设计管理，提高设计师的责任心和配合意识。必要时，可引入适度的设计索赔来保证设计文件的质量。

3. 施工可建性的问题

这也是项目管理者容易忽略的问题，建筑方案再漂亮，毕竟也只是一幅画，必须通过工程技术将它们变成现实。可建性的问题对常规的建筑并不突出，但对一些体型特殊、超规超限的建筑则必须加以研究，探讨其技术和经济的可行性，研讨的结果并不一定推翻建筑方案，但对其进行优化调整，对加快进度也是非常有利的。以钢结构为例：

（1）钢材选用　应尽量避免钢材的品种规格太多，且采用一些不常用的品种或规格，造成材料的采购困难，工期加长。

（2）构件加工　应尽量采用定型的产品，如工字钢、H 型钢等，若不能采用定型产品，设计方在构件和节点设计时，应充分考虑制作的难度和可行性，必要时应征询加工厂家的意见。

（3）安装　对于钢结构安装方案，在设计阶段也应该有比较深入的考虑，不同的安装方案往往对结构内力造成不同的影响，同时对工期也有显著的影响。

2.4.2　设计阶段的造价管理

每个从事工程项目管理的人都知道，设计阶段的造价管理具有极其重要的作用，但对于在设计阶段如何进行造价控制却不是每个人都清楚，原因就在于设计阶段的造价控制需要具备大量的技术知识，以及了解这些技术知识对造价的影响。

设计阶段造价控制的方法，简单说就是用估算来控制概算，用概算来控制预算。但如何实现逐级控制却并没有一定之规。在设计阶段，影响工程造价的因素主要可分为两类：一是需求；二是技术。需求是设计的基础，不同的项目需求有很大的不同，项目的业主能否将需求提得科学、合理，并且兼顾技术和造价的可行性，是一项非常复杂的工作，并不在本书的讨论范围之内。对于技术因素，包含的专业也很多，如建筑、结构、给水排水、消防、空调、智能化等，本书仅仅针对结构工程展开讨论，并重点对钢结构工程的相关问题进行说明。

在说明钢结构工程造价的时候，先介绍三个表现钢结构工程造价的指标：第一个指标是单位钢结构重量的造价，一般用每吨造价来表示，包括钢结构的深化设计、钢材的采购和供应、钢结构加工和安装，是一个综合造价指标。从目前的市场情况来看，钢结构工程的造价基本处于 5000 ~ 15000 元/t。第二个指标是每平方米用钢量（不含钢筋），这个指标只具有相对的意义，因为结构形式的不同，每平方米用钢量必然也有较大的差别，考察每平方米用钢量应是针对同一结构形式而言。每平方米用钢量越低，说明结构设计的合理性越高一些。钢结构工程的每平方米用钢量一般是 $50 ~ 300 kg/m^2$，应根据项目的情况具体分析。第三个指标是单方造价，这是一个综合的指标，如果工程项目是纯钢结构的，那么这个指标是有意义的，但鉴于目前绝大部分工程都是组合结构，钢结构只是其中一部分，那么这个指标并不具有特别的指导意义。

上述的指标有助于从宏观上对结构工程的造价进行总体把握。

下面将从设计工作的各个阶段，对结构工程造价的管理要点进行说明。

1. 方案设计阶段

在这一阶段，造价控制的目标是投资估算，重点工作是建筑方案的选择。

目前，很多项目通过招标来选定建筑方案，建筑方案的设计越来越新颖、独特，违背了结构设计的一些基本原则。如结构设计要求建筑的平、立面规则、对称，质量分布和刚度变化宜均匀，最忌倾斜、大的悬挑、质量和刚度的突变。当然，违背结构设计基本原则的建筑也不是不能建，但从结构造价来看，必然要付出相应的代价。

方案设计阶段大致可分为方案定标前和定标后两个阶段：在方案定标前，业主必须对该方案的造价进行综合评估。投标方也会承诺满足业主的造价控制目标，但业主必须对此进行独立的评估。在这一阶段，要做出一个准确的判断是很困难的，因为设计的深度很浅，很多方面仅仅停留在概念设计的阶段，要做出一个准确的造价评估比较困难。评估的方法主要是依据当时同类建筑工程的造价水平，采用单方造价的综合评估法。许多业主聘请专业的造价顾问对方案造价进行评估，使评估更可靠、合理。

对于结构工程来说，方案评估的重点在于：

（1）建筑体型的合理性　体型越合理，越符合工程受力的要求，那么结构的造价会越低，反之则越高。

（2）施工的可行性　在目前的工程技术水平下，是否存在成熟的施工方法，否则也是要付出很大代价的。进行这两方面的评估，仅仅依靠造价顾问显然是不够的，在这种情况下，可以邀请行业内结构设计和施工方面的专家，以及造价控制方面的专家，召开专家会议，就结构设计、施工和造价控制方面的风险进行充分的讨论和沟通，并提出可能的解决方案，供业主决策时考虑。

通过进行方案的专家评议和全面的评估，业主才会对方案的技术可行性和造价做到心中有数，才能做出最优的决策。在方案定标以后，则应尽快进入到初步设计阶段，对结构工程设计的一些主要问题进行深入的研究。

2. 初步设计阶段

初步设计阶段是控制结构工程造价最为重要的阶段，其造价控制目标是：设计概算及修正概算不超过投资估算，或将其超越幅度控制在可接受的范围内。控制结构工程造价可以从以下几个方面入手：

（1）结构的选型　结构选型是对结构造价影响最大的方面之一，要真正做好结构选型工作却并不容易，需要设计者有良好的结构抗震概念设计思想，丰富的结构设计经验，对各种结构体系都比较了解，并具有创新精神和责任心，肯于投入精力做大量艰苦、细致、探索性的工作。

从项目管理的角度来说，不能期待每个设计师都自动会把结构选型的工作做得深入和充分，需要有管理的方法和手段来保证设计师做到这一点。首先，在合同中就要明确设计方要做出多方案的比选，对每一方案的受力合理性、施工可行性和结构造价进行分析，并提供结构选型报告。第二，要采取集思广益的方式，邀请行业内的专家，或其他的设计方，对结构选型的方案提出意见和建议，完善设计师可能的不足，并开拓设计的思路，使结构方案更合理。在合同中也要明确，设计方须接受来自业主聘请的第三方的合理的建议。虽然在初步设计阶段，国家会对超限工程进行抗震设防专项审查，但抗震设防专项审查主要是针对结构安全，而结构选型的方案讨论不仅涉及结构安全，还包括方案的施工可行性、造价控制、功能需求等更广泛的因素。

具体来说，可以从如下的方面入手：

1）结构体系的选择：如本书所述，结构的形式很多，从大的种类来分，主要包括混凝土结构、钢结构，以及钢与混凝土的组合结构，每种结构类型又分为多种结构体系，且为了适应建筑设计的特点，结构的体系更是千变万化，选用一个合理的结构体系永远是结构工程师考虑的首要问题。选择结构体系首先要考虑结构的抗震概念设计，概念设计越合理，则造价会越低。其次要做出多个可行的体系方案，进行计算分析后，选出技术和造价综合最优的方案。

2）建筑的平立面布置：建筑的平立面布置不仅仅是建筑功能的需求，同时对结构的受力影响也很大，尤其是核心筒的布置、剪力墙的布置、无柱大空间的布置、楼层的较大开洞、楼层的错层等，都对结构受力有较大影响。如果建筑的平立面布局与结构受力有较大冲突，应取得建筑师的同意，对建筑的平立面布局进行局部调整，使之符合结构受力的要求。

3）在结构选型的过程中，要积极采用新技术新材料：如在抗震设计中，采用耗能设计技术，在结构的某些部位设置耗能构件，容许其提前破坏来吸收地震能量，来减少对结构的整体性破坏；如采用性能化设计技术，其前提是对结构进行充分的分析，根据结构的性能需要来配置结构部件，该强的部位强，该弱的部位弱；对钢结构来说，还应积极采用新材料，如高强钢材，如 Q355、Q390、Q420 这些钢材，在目前的工程中也得到了大量的应用，还有低强度高延性的钢材，可作为耗能构件等。这些新技术新材料的综合效益往往是很明显的。

4）典型的构件和节点：对钢结构工程来说，主要构件和节点的确定是很重要的一个环节，构件是否可以采用型钢，节点的受力是否合理，构件和节点的施工可行性如何，等等，都是需要重点考虑的内容。

（2）确定结构的基本设计参数　如设计基准期、设计使用年限、建筑重要性分类（甲、乙、丙、丁四类）、抗震设防烈度、建筑结构安全等级、结构重要性系数、地基基础的设计等级、基础设计安全等级、结构抗震等级、荷载、对于在小震、中震和大震下结构构件的性能控制指标等。这些指标有些在规范中是明确规定了的，有些却需要根据结构设计的特点经过分析研究后确定，而这些指标的确定，实质上会对结构的造价产生一定的影响，必须慎重考虑，反复斟酌后确定。

（3）结构安全与造价的关系——设计优化　保证结构的安全是前提，这个原则是不容质疑的。但在实际的设计过程中，设计师为了保证结构的安全，或者说为了避免复杂而精准的分析，往往层层加码，多道设防，在这样的情况下，结构造价肯定会大幅增加。但业主往往很难予以质疑，固然一方面业主对影响结构安全的问题会非常慎重，另一方面业主也缺乏足够的专业知识和设计能力提出质疑。在这种情况下，结构安全与工程造价能否取得合理的平衡只能依赖于设计师的水平和责任心。而且，客观来说，这种合理的平衡也是很难界定的，没人能够说得清楚。

但仍然是有必要采取一些措施来达到结构安全与造价的合理平衡。原因一方面是为了节省工程造价，另一方面，从结构抗震概念设计的角度来看，结构本身并不是做得越强越安全，而是具有适度延性的结构体系才是抗震最有利的。

要做到结构安全与造价的合理平衡，其手段仍然是设计优化。结构的优化工作做起来会困难一些，但这项工作也是业主在初步设计阶段需要花大力气进行的工作，如果优化效果比较好的话，对节省结构造价非常有效。对于设计优化，在第4章中还将有比较详细的论述。

3. 施工图设计阶段

施工图设计阶段的造价控制目标是工程预算不超设计概算。施工图设计是在初步设计基础上的进一步深化和细化，其深度须满足结构施工的要求。施工图设计阶段造价控制的技术要点比较分散而具体，主要是工程的局部或细部，对工程造价的总体影响不大，但累积起来也是比较客观，需要大量深入而细致的工作。

通过对设计阶段造价管理的分析，可以体会到技术与造价密不可分。

本章工作手记

本章对结构工程设计管理的有关问题进行了讨论，并结合钢结构工程的特点说明了管理的重点。

项目	子项目	内容
设计工作的人员及范围管理	人员管理——设计方的组成	设计方的组成及其职责
	设计工作参与各方之间的关系	以建筑师为主导的设计管理体系
	范围管理——设计管理的工作内容	设计方在设计阶段，以及施工阶段的结构相关项目管理工作内容
设计阶段的划分及各阶段的管理重点	方案设计阶段	结构方案的概念设计
	初步设计阶段	结构设计的准备工作，结构选型及超限结构的报批
	施工图设计阶段	结构细节设计及施工图报批

（续）

项目	子项目	内容
设计文件的深度是质量管理的重点	方案设计阶段结构工程的设计深度	方案设计阶段的具体深度要求
	初步设计阶段结构工程的设计深度	初步设计阶段的具体深度要求
	施工图设计阶段结构工程的设计深度	施工图设计阶段的具体深度要求
设计进度及造价管理	设计进度管理	进度管理的方法及影响设计进度的主要因素
	设计阶段的造价管理	造价管理的方法及各设计阶段造价管理的重点工作

第3章 钢结构材料选用

本章思维导读

钢结构材料是钢结构工程的基础。钢材是钢结构工程的主材，对应于不同的钢构件连接方式，又出现了螺栓和焊材等各种辅材。本章将对钢结构工程主材和辅材的选用，所涉及的概念、方法、标准进行讨论，并给出材料选用的实例供读者参考。

3.1 钢结构材料选用需要了解的相关概念

我国目前建筑钢结构采用的钢材以碳素结构钢和低合金高强度结构钢为主。碳素结构钢是最普遍的工程用钢，按其碳含量的多少，通常分为低碳钢 $[w（C）0.03\%～0.25\%]$、中碳钢 $[w（C）0.26\%～0.60\%]$ 及高碳钢 $[w（C）0.61\%～2\%]$。碳含量越高，钢材的强度越高，但钢材的韧性和焊接性越差。建筑钢结构主要使用低碳钢。优质碳素结构钢是以满足不同的加工要求，而赋予相应性能的碳素钢，价格较高，但性能更优，一般不用于建筑钢结构，只在特殊情况下才会使用。低合金高强度结构钢是指在冶炼过程中添加一些合金元素，其总量不超过5%的钢材。加入合金元素后钢材的强度、刚度、稳定性可明显提高。

3.1.1 建筑结构钢材的牌号及表示方法

碳素结构钢和低合金高强度结构钢适用的标准分别为《碳素结构钢》（GB/T 700）和《低合金高强度结构钢》（GB/T 1591）。碳素结构钢共有四个牌号，即 Q195、Q215、Q235 和 Q275。低合金高强度结构钢则分为 Q355、Q390、Q420 及 Q460 共四个牌号。碳素结构钢和低合金高强度结构钢的牌号使用统一的表示方法，即：代表屈服强度的字母（Q）、屈服强度数值、质量等级符号、脱氧方法等四个部分顺序组成，如 Q235AF。

3.1.2 建筑钢材的力学性能和工艺性能

钢材是钢结构工程的主材，有必要对其性能进行全方位的了解。表 3-1 列表说明了钢材的性能指标。

表 3-1　钢材的性能指标

序号	技术指标	说明
1	屈服强度	根据钢材拉伸的应力-应变关系曲线，钢材在弹性极限后进入屈服阶段，并显示明显的屈服台阶，此时对应的强度称为屈服强度。屈服强度是钢材最重要的一个力学指标，钢材的设计强度和钢材的强度等级都是根据屈服强度来确定的
2	抗拉强度	钢材在跨过屈服阶段后，强度会进一步地非线性增长，达到最高点，即抗拉强度后下降。钢结构设计的准则是以构件的最大应力达到钢材的屈服强度作为极限状态，而把钢材的抗拉强度作为局部应力高峰的安全储备，这样能同时满足构件的强度和刚度要求，因而对承重结构的选材，要求同时保证抗拉强度和屈服强度的强度指标
3	伸长率	伸长率是表示钢材塑性变形能力的力学性能指标，对于低碳钢和低合金高强度结构钢，均有明显的屈服台阶，塑性变形能力良好。采用拉伸试件的伸长率 A 来度量钢材的塑性变形能力
4	Z 向性能	对于建筑用钢板，厚度达到 15~150mm，会要求钢板的 Z 向性能，即是指钢板沿厚度方向的抗层状撕裂性能。这是由于厚钢板轧制过程中，会导致厚钢板在长度、宽度和厚度三个方向上产生各向异性，尤其以厚度方向（Z 向）为最差。这样当钢板在受到沿板厚方向的局部拉力时（主要是焊接应力），很容易产生平行于板表面的层间撕裂。Z 向性能采用厚度方向拉力试验时的断面收缩率来评定。并以此分为 Z15、Z25 和 Z35 共三个级别。Z35 的断面收缩率不小于 35%，性能最优
5	冲击韧性	钢材的冲击韧性是指在荷载作用下钢材吸收机械和抵抗断裂的能力，反映钢材在动力荷载下的性能。国内外通用以 V 型缺口的夏比试件在冲击试验中所耗的冲击吸收能量数值来衡量材料的韧性。冲击吸收能以焦耳为单位，应不低于 27J。钢材的冲击吸收能量值受温度影响很大，对某种钢材，存在一个转变温度，在转变温度之下，钢材即使有很小的塑性变形，也会产生脆性裂纹，脆性裂纹一旦产生，在很小的外力作用下，就会导致钢材产生脆性断裂。为了避免钢材的低温脆断，必须保证钢结构的使用温度高于钢材的转变温度。不同钢材的转变温度不同，应由试验来确定。在提供有不同负温下的冲击韧性时，通过选材已避免了脆断的风险。钢材的冲击韧性也是评定钢材质量等级的主要依据之一
6	质量等级	普通碳素结构钢的质量等级总体可分为 A、B、C、D 四级。对于低合金高强度结构钢，则总体上分为 B、C、D、E、F 五级。不同质量等级钢材的力学性能和化学成分有所不同。力学性能主要包括冲击韧性、伸长率等
7	焊接性	焊接性是指钢材对焊接工艺的适应能力。包括有两方面的要求：一是通过一定的焊接工艺能保证焊接接头具有良好的力学性能；二是施工过程中，选择适宜的焊接材料和焊接工艺参数后，有可能避免焊缝金属和钢材热影响区产生热（冷）裂纹的敏感性。碳元素是影响焊接性的首要元素。碳含量超过某一含量的钢材甚至是不可能施焊的。用碳当量来衡量钢材的焊接性。所谓碳当量是把钢材的化学成分中对焊接有显著影响的各种元素，全部折算成碳的含量，引入碳当量的概念来衡量钢材中各种元素对焊后钢材硬化效应的综合效果，碳当量越高，可焊性越差。国际上比较一致的看法是，碳当量小于 0.45%，在现代焊接工艺条件下，焊接性是良好的。也可采用焊接裂纹敏感性指数来衡量焊接性
8	强屈比	强屈比是钢材抗拉强度和屈服强度的比值，是度量钢材强度安全储备的指标，抗震结构不应低于 1.2
9	冷弯性能	冷弯性能反映钢材经一定角度冷弯后抵抗产生裂纹的能力，是钢材塑性能力及冶金质量的综合指标。通过试件在常温下 180° 弯曲后，如外表面和侧面不开裂也不起层，则认为合格。弯曲时，按钢材牌号和板厚容许有不同的弯心直径 d（可在 0.5~3 倍板厚范围内变动）。冷弯性能指标要比钢的塑性指标（伸长率）更难达到，它是评价钢材的工艺性能和力学性能以及钢材质量的一项综合性指标

3.1.3 影响钢材力学性能的因素

钢材的性能主要受到以下因素的影响：化学成分、冶炼轧制过程及热处理。

1. 化学成分

建筑结构用钢，不论是碳素结构钢或低合金结构钢，都是碳含量低于 0.25% 的低碳合金钢。其中铁是最基本的元素，约占化学成分的 98% 或更高，但影响钢材材质的却是占含量仅为百分之零点几的其他元素，包括碳、各种合金元素和杂质元素。各种元素对钢材性能的影响都有好的一面，也有不利的一面。其中主要元素的影响如下：

（1）碳（C） 对提高钢材的硬度和耐磨性、屈服强度和抗拉强度有利，但对塑性和韧性、冷弯性能和焊接性均有显著的不利影响。

（2）硅（Si） 通常作为脱氧剂加入普通碳素钢中，用以冶炼质量较高的镇静钢。适量的硅对钢材的塑性、冲击韧性、冷弯及焊接性均无显著的不良影响。

（3）硫（S） 有害元素，可导致钢材的热脆现象，片状硫化物的存在可导致钢板的层状撕裂，硫含量应严格控制。

（4）磷（P） 有害元素，虽然磷的存在会提高钢材的强度和耐蚀性，但会严重降低钢材的塑性、冲击韧性、冷弯性能和焊接性，并增加低温脆性，含量应严格控制。

（5）锰（Mn） 适当的锰含量可以有效地增加钢材的强度、硬度和耐磨性，但若含量过高，则易产生冷裂纹。

（6）钒（V）、铌（Nb）、钛（Ti） 为钢材的添加元素，都能明显提高钢材强度，细化晶粒，改善焊接性。

（7）铬（Cr）、镍（Ni） 为不锈钢的主要元素，能提高强度、淬硬性、耐磨性等综合性能，但对焊接性不利。

其余元素的影响不再赘述。

2. 冶炼轧制过程

（1）钢的冶炼方法 建筑结构钢主要由氧气转炉和平炉来冶炼。这两种方法冶炼的钢，在化学成分和各项性能上基本相同。电炉冶炼的生产成本较高，适用于冶炼高质量的钢材。

（2）钢的脱氧方法 钢材的冶炼过程中，钢水中的氧含量较高，浇注前须向钢液中添加脱氧剂进行脱氧，使氧化铁与脱氧剂反应生成氧化物后随钢渣排出。按照脱氧方法、脱氧剂的不同，形成了沸腾钢、镇静钢、半镇静钢的区别。

1）沸腾钢：采用锰作脱氧剂，由于锰是弱脱氧剂，脱氧不充分，且有大量一氧化碳和氮气、氧气等气体逸出，钢液剧烈沸腾，故称为沸腾钢。沸腾钢的杂质含量多，其化学元素的偏析程度较大，钢材的时效敏感性和冷脆性高。

2）镇静钢：采用硅作脱氧剂，对质量要求高的钢，还可采用铝或钛补充脱氧。脱氧充分，且冶炼过程中气体逸出少，钢液表面平静，故称镇静钢。镇静钢杂质少，组织致密，化学成分偏析程度小，具有优异的力学性能。

3）半镇静钢：脱氧程度介于沸腾钢和镇静钢之间的钢称为半镇静钢。半镇静钢的性能优于沸腾钢，但不如镇静钢。其强度和塑性完全符合标准要求，纵向轧制钢材的均匀性不次于镇静钢。

（3）钢的轧制　建筑钢材的轧制主要分为热轧和控轧（TMCP），其实控轧也是热轧的过程，不过是在轧制过程中，采取控制轧制温度、压下量和冷却速度的轧制过程。下面分别予以说明：

1）热轧：热轧过程不仅改变钢的外形和尺寸，也改变了钢的内部组织及其性能。热轧过程始于 1200～1300℃，终止于 900～1000℃。热轧过程中，在压力作用下，钢锭中的气泡、裂纹等缺陷会弥合起来，使金属组织更致密。轧制过程破坏钢锭的铸造组织，细化晶粒并消除显微组织的缺陷，显然，轧制钢材比铸钢具有更高的力学性能。轧制钢材规格越小，轧制压缩比越大，则一般来说，钢材的强度越高，而且塑性及冲击韧性也越好。

2）控轧（TMCP）：TMCP（Thermo Mechanical Control Process：热机械控制工艺）就是在热轧过程中，在控制加热温度、轧制温度和压下量的控制轧制（CR，Control Rolling）的基础上，再实施空冷或控制冷却（加速冷却，ACC，Accelerated Cooling）的技术总称。自 20 世纪 80 年代开发出 TMCP 技术以来，经历了 20 多年的时间，在这期间 TMCP 的应用范围不断扩大，目前已成为生产厚板不可或缺的技术。TMCP 钢与常规轧制钢和正火钢相比，它不依赖合金元素，通过水冷控制组织，可以达到高强度和高韧性的要求，而且在碳当量较低的情况下能够生产出相同强度的钢材，因此可以降低或省略焊接时的预热温度；碳当量低又可以降低焊接热影响区的硬度，不容易形成因显微偏析而产生的局部硬化相，容易保证焊接部位的韧性。

3. 热处理

热处理是将钢材在固态范围内施以不同的加热、保温和冷却，以改变其性能的一种工艺。与建筑钢结构相关的热处理主要有退火、正火、淬火及回火等，以下分别予以说明。

（1）退火　退火种类很多，大体上可以分为重结晶退火和低温退火两类。重结晶退火是将钢材加热到相变临界点以上 30～50℃，保温一段时间，然后缓慢冷却到 500℃ 以下后，在空气中冷却。其目的是细化晶粒、降低硬度、提高塑性、消除组织缺陷和改善力学性能等。低温退火是将钢加热到相变临界点以下（500～650℃），保温一段时间后缓慢冷却到 200～300℃ 以下出炉，钢在这个过程中无组织变化，目的是去除钢的内应力。

（2）正火　将钢加热到临界点以上 30～50℃，保温一段时间，进行完全奥氏体化，然后在空气中冷却。正火与退火的加热条件相同，只是冷却条件不同，正火在空气中冷却速度要快于回火，故正火有较高的强度和硬度，甚至有较大的塑性和韧性，正火的目的是细化晶粒、消除缺陷、改善性能，故碳素结构钢、低合金结构钢均可以正火处理状态交货。

（3）淬火　将钢材加热到相变临界点以上（900℃ 左右），保温一段时间，然后在水或油等冷却介质中快速冷却，使奥氏体组织转变为马氏体，得到高硬度、高强度，但需要随后的回火处理，以获得良好的综合力学性能。

（4）回火　将淬火钢重新加热到相变临界点以下的预定温度，保温预定时间，然后冷却。这种操作称为回火处理，其目的是减小淬火生成的内应力，促使金相组织获得充分的转变，减小淬火钢的脆性。淬火钢回火后的力学性能，取决于回火温度和时间，分为低温回火（150～200℃）、中温回火（300～500℃）、高温回火（500～650℃）。钢材的淬火加高温回火的综合操作称为调质，调质可以让钢材获得强度、塑性和韧性都比较好的综合性能。

3.1.4　钢结构的辅材

除了钢材以外，钢结构工程还有各种各样的辅材，主要有对应于螺栓连接的普通螺栓、高强度螺栓；对应于不同焊接方式的焊材；钢结构的各种防腐涂料、防火涂料等。防腐和防火涂料后面有专门的章节来讲，焊材的选用不属于设计范畴，由加工单位根据焊接工艺确定。下面重点来讲讲螺栓连接的有关概念。

在钢结构工程中，主要采用高强度螺栓。高强度螺栓根据其受力特性，分为摩擦型连接和承压型连接两种。

（1）摩擦型高强度螺栓连接　它是利用高强度螺栓的预拉力，使被连接钢板的层间产生抗滑力（摩擦阻力），以传递剪力的连接方式。在荷载设计值作用下，连接件之间产生相对滑移时的临界状态，作为摩擦型连接的承载能力极限状态和正常使用极限状态。

摩擦型高强度螺栓分为 8.8S 及 10.9S 两个性能等级，每个等级根据螺栓公称直径的不同，又分为 M16、M20、M22、M24、M27、M30 几个等级，可根据螺栓连接受力的需要来选用。

（2）承压型高强度螺栓连接　它是指以高强度螺栓的螺杆抗剪强度或被连接钢板的螺栓孔壁抗压强度来传递剪力，故又称剪压型连接。其制孔及预拉力施加等要求，均与摩擦型螺栓的做法相同，但杆件连接处的板件接触面仅需清除油污及浮锈。在荷载设计值作用下，螺栓或被连接钢板达到最大承载能力，作为承压型连接的承载能力极限状态。

承压型高强度螺栓与摩擦型高强度螺栓一样，也分为 8.8S 及 10.9S 两个性能等级，每个等级根据螺栓公称直径的不同，又分为 M16、M20、M22、M24、M27、M30 几个等级，可根据螺栓连接受力的需要来选用。

3.2　钢结构材料选用的基本原则

钢结构材料的选用，要考虑多方面的因素，第一是结构受力的要求，其次要遵循规范与标准的规定，另外还要考虑工程造价、施工可行性、工作环境等多种因素来综合确定。《钢结构设计标准》（GB 50017）对钢材的选用提出了明确的要求。

3.2.1　钢材的选用原则

1）结构钢材的选用应遵循技术可靠、经济合理的原则，综合考虑结构的重要性、荷载特征、结构形式、应力状态、连接方法、工作环境、钢材厚度和价格等因素，选用合适的钢材牌号和材性保证项目。

2）承重结构所用的钢材应具有屈服强度、抗拉强度、断后伸长率和硫、磷含量的合格保证。对焊接结构尚应具有碳当量的合格保证。焊接承重结构以及重要的非焊接承重结构采用的钢材应具有冷弯试验的合格保证。对直接承受动力荷载或需验算疲劳的构件，所用钢材尚应具有冲击韧性的合格保证。

3）钢材质量等级的选用应符合下列规定：

①A级钢仅可以用于结构工作温度高于0℃的，不需要验算疲劳的结构，且Q235A钢不宜用于焊接结构。

②需验算疲劳的焊接结构用钢材应符合下列规定：

A. 当工作温度高于0℃时，其质量等级不应低于B级。

B. 当工作温度不高于0℃，但高于–20℃时，Q235、Q355钢不应低于C级，Q390、Q420及Q460钢不应低于D级。

C. 当工作温度不高于–20℃时，Q235钢和Q355钢不应低于D级，Q390钢、Q420钢、Q460钢应选用E级。

③需验算疲劳的非焊接结构，其钢材质量等级要求，可较上述焊接结构降低一级，但不应低于B级。起重机起重量不小于50t的中级工作制吊车梁，其质量等级要求应与需要验算疲劳的构件相同。

4）工作温度不高于–20℃的受拉构件及承重构件的受拉板材，应符合下列规定：

①所用钢材厚度或直径不宜大于40mm，质量等级不应低于C级。

②当钢材厚度或直径不小于40mm时，其质量等级不应低于D级。

③重要承重结构的受拉板材，宜满足现行国家标准《建筑结构用钢板》（GB/T 19879）的要求。

5）在T形、十字形和角形焊接的连接节点中，当其板件厚度不小于40mm且沿其板厚方向有较高撕裂拉力作用，包括较高约束拉应力作用时，该部位板件钢材宜具有厚度方向、抗撕裂性能即Z向性能的合格保证。其沿板厚方向断面收缩率不小于按现行国家标准《厚度方向性能钢板》（GB/T 5313）规定的Z15级允许限值。钢板厚度方向承载性能等级应根据节点形式、板厚、熔深或焊缝尺寸、焊接时节点拘束度以及预热、后热情况等综合确定。

6）采用塑性设计的结构及进行弯矩调幅的构件，所采用的钢材应符合下列规定：

①屈强比不应大于0.85。

②钢材应有明显的屈服台阶，且伸长率不应小于20%。

7）钢管结构中的无加劲直接焊接相贯节点，其管材的屈强比不宜大于0.8；与受拉构件焊接连接的钢管，当管壁厚度大于25mm且沿厚度方向承受较大拉应力时，应采取措施防止层状撕裂。

8）连接材料的选用应符合下列规定：

①焊条和焊丝的型号和性能应与相应母材的性能相适应，其熔敷金属的力学性能应符合设计规定，且不应低于相应母材标准的下限值。

②对直接承受动力荷载或需要验算疲劳的结构以及低温环境下工作的厚板结构，宜采用低氢型焊条。

③连接薄钢板采用的自攻螺钉、钢拉铆钉、射钉等应符合有关标准的规定。

9）锚栓可选用 Q235、Q355、Q390 或强度更高的钢材，其质量等级不宜低于 B 级，工作温度不高于 −20℃时，锚栓尚应满足《钢结构设计标准》（GB 50017）的要求。

3.2.2　钢材的牌号与标准选用原则

1）钢材宜采用 Q235、Q355、Q390、Q420、Q460 和 Q355GJ 钢，其质量应分别符合现行国家标准《碳素结构钢》（GB/T 700）、《低合金高强度结构钢》（GB/T 1591）和《建筑结构用钢板》（GB/T 19879）的规定。结构用钢板、热轧工字钢、槽钢、角钢、H 型钢和钢管等型材产品的规格、外形、重量及允许偏差应符合国家现行相关标准的规定。

2）焊接承重结构为防止钢材的层状撕裂而采用 Z 向钢时，其质量应符合现行国家标准《厚度方向性能钢板》（GB/T 5313）的规定。

3）处于外露环境，且对耐腐蚀有特殊要求或处于侵蚀性介质环境中的承重结构，可采用 Q235NH、Q355NH 和 Q415NH 牌号的耐候结构钢，其质量应符合现行国家标准《耐候结构钢》（GB/T 4171）的规定。

4）非焊接结构用铸钢件的质量应符合现行国家标准《一般工程用铸造碳钢件》（GB/T 11352）的规定，焊接结构用铸钢件的质量应符合现行国家标准《焊接结构用铸钢件》（GB/T 7659）的规定。

5）当采用标准未列出的其他牌号钢材时，宜按照现行国家标准《建筑结构可靠度设计统一标准》（GB 50068）进行统计分析，研究确定其设计指标及适用范围。

3.2.3　连接材料的型号及标准选用原则

1）钢结构用焊接材料应符合下列规定：

①焊条电弧焊所用的焊条应符合现行国家标准《非合金钢及细晶粒钢焊条》（GB/T 5117）的规定，所选用的焊条型号应与主体金属力学性能相适应。

②自动焊和半自动焊用焊丝应符合现行国家标准《熔化焊用钢丝》（GB/T 14957）、《熔化极气体保护电弧焊用非合金钢及细晶粒钢实心焊丝》（GB/T 8110）、《非合金钢及细晶粒钢药芯焊丝》（GB/T 10045）、《热强钢药芯焊丝》（GB/T 17493）的规定。

③埋弧焊用焊丝和焊剂应符合现行国家标准《埋弧焊用碳钢焊丝和焊剂》（GB/T 5293）、《埋弧焊用热强钢实心焊丝、药芯焊丝和焊丝-焊剂组合分类要求》（GB/T 12470）的规定。

2）钢结构用紧固件材料应符合下列规定：

①钢结构连接用4.6级与4.8级普通螺栓（C级螺栓）及5.6级与8.8级普通螺栓（A级或B级螺栓），其质量应符合现行国家标准《紧固件机械性能 螺栓、螺钉和螺柱》（GB/T 3098.1）和《紧固件公差 螺栓、螺钉、螺柱和螺母》（GB/T 3103.1）的规定。C级螺栓与A级、B级螺栓的规格和尺寸应分别符合现行国家标准《六角头螺栓 C级》（GB/T 5780）与《六角头螺栓》（GB/T 5782）的规定。

②圆柱头焊（栓）钉连接件的质量应符合现行国家标准《电弧螺柱焊用圆柱头焊钉》（GB/T 10433）的规定。

③钢结构用大六角高强度螺栓的质量应符合现行国家标准《钢结构用高强度大六角头螺栓》（GB/T 1228）、《钢结构用高强度大六角螺母》（GB/T 1229）、《钢结构用高强度垫圈》（GB/T 1230）、《钢结构用高强度大六角头螺栓、大六角螺母、垫圈技术条件》（GB/T 1231）的规定。扭剪型高强度螺栓的质量应符合现行国家标准《钢结构用扭剪型高强度螺栓连接副》（GB/T 3632）的规定。

④螺栓球节点用高强度螺栓的质量应符合现行国家标准《钢网架螺栓球节点用高强度螺栓》（GB/T 16939）的规定。

⑤连接用铆钉应采用BL2和BL3钢制成，其质量应符合行业标准《标准件用碳素钢热轧圆钢及盘条》（YB/T 4155）的规定。

3.3　钢结构材料选用依据的国内外标准

3.3.1　国内的钢结构工程的材料标准

国内的钢结构工程的材料标准见表3-2。

表3-2　国内的钢结构工程的材料标准

序号	名称	编号
1	碳素结构钢	GB/T 700
2	低合金高强度结构钢	GB/T 1591
3	高层建筑结构用钢板	YB 4104
4	非合金钢及细晶粒钢焊条	GB/T 5117
5	热强钢焊条	GB/T 5118
6	熔化极气体保护电弧焊用非合金钢及细晶粒钢实心焊丝	GB/T 8110
7	熔化焊用钢丝	GB/T 14957
8	埋弧焊用低合金钢焊丝和焊剂	GB/T 12470
9	厚度方向性能钢板	GB/T 5313

（续）

序号	名称	编号
10	一般工程用铸造碳钢件	GB/T 11352
11	耐候结构钢	GB/T 4171
12	热轧 H 型钢和剖分 T 型钢	GB/T 11263
13	非合金钢及细晶粒钢药芯焊丝	GB/T 10045
14	热强钢药芯焊丝	GB/T 17493
15	埋弧焊用非合金钢及细晶粒钢实心焊丝、药芯焊丝和焊丝-焊剂组合分类要求	GB/T 5293
16	溶解乙炔	GB 6819
17	钢结构防火涂料	GB 14907
18	钢结构用高强度大六角头螺栓、大六角螺母、垫圈技术条件	GB/T 1231
19	六角头螺栓　C 级	GB/T 5780
20	钢结构用扭剪型高强度螺栓连接副	GB/T 3632
22	电弧螺柱焊用圆柱头焊钉	GB/T 10433

3.3.2　国外的主要钢结构材料标准

目前，国内生产的钢材基本可以满足建筑工程的需要，但在某些特殊条件下，如国内不能生产的特殊钢材，国外的客户要求钢材进口或按照国外标准生产的情况下，需采用国外钢材或按照国外标准生产的钢材。

外国钢材应用于我国工程时，钢材的物理力学性能、强屈比、化学成分及焊接性等，均应符合我国相关钢材标准的规定。设计人员应详细了解该国钢材的性能及其指标，再根据我国的设计标准，合理取值，以确保结构的安全。

国外的钢材与国内钢材相比，在生产工艺、物理力学性能指标、化学成分上面，有很多的共同点：

1）在生产工艺上，都是以氧气顶吹转炉钢为主，平炉钢次之，电炉钢则很少用于建筑钢结构。

2）在力学性能上，都要求保证抗拉强度、屈服强度、伸长率和冷弯性能四项基本指标，根据具体情况再要求冲击韧性和 Z 向性能的指标。

3）在化学成分上，均含有铁、碳、硅、锰、硫和磷六大元素，并根据用途严格控制硫、磷的含量；对于焊接结构，则要控制碳的含量。

目前国际上主要的钢材标准有 ASTM 美国标准、JIS 日本标准、EN 欧洲标准、ISO 国际标准化组织标准、BS 英国标准、DIN 德国标准等。目前许多国家采用 EN 标准或 ISO 标准，形成自己国家的标准，如 BS EN 标准，DIN ISO 标准等。

国外的主要钢材标准见表 3-3。

表 3-3　国外的主要钢材标准

国家	标准	名称	代表钢号	备注
美国	ASTM A 6/A 6M—2010	Standard Specification for General Requirements for Rolled Structural Steel Bars, Plates, Shapes, and Sheet Piling 结构用轧制钢棒、钢板、型钢及钢板桩的通用标准		结构用钢的通用标准
	ASTM A 36/A 36M—2008	Standard Specification for Carbon Structural Steel ASTM36 碳素结构钢		当 A 后面跟 2 位数时，如 A36，既表示钢种又表示牌号，两位数表示最低屈服强度。当 A 后面跟 3 位数时，仅表示钢种，该钢种可能有多个级别的钢材
	ASTM A 529/A 529M—2005	Standard Specification for High-Strength Carbon-Manganese Steel of Structural Quality ASTM 529 高强度碳素结构钢	有 42 级（290）和 50 级（345）两个级别	
	ASTM A 572/A 572M—2007	Standard Specification for High-Strength Low-Alloy Columbium-Vanadium Structural Steel ASTM572 高强度低合金铌-钒结构钢	有 42 级（290）、50 级（345）、60 级（415）、65 级（450）四个级别	
	ASTM A 588/A 588M—2005	Standard Specification for High-Strength Low-Alloy Structural Steel. up to 50 ksi［345 MPa］Minimum Yield Point. with Atmospheric Corrosion Resistance-AASHTO No.：M 222 ASTM588 耐候高强度低合金结构钢		
日本	JIS G 3101—2004	Rolled steels for general structure 一般结构用轧制钢材	SS330、SS400、SS490、SS540	
	JIS G 3106—2008	Rolled steels for welded structure 焊接结构用轧制钢材	SM400、SM490、SM520、SM570	
	JIS G 3136—2005	Rolled steels for building structure 建筑结构用轧制钢材	SN400、SN490	
	JIS G 3114—2004	Hot-rolled atmospheric corrosion resisting steels for welded structure 焊接结构用耐候性热轧钢材	SMA400、SMA490、SMA570	
欧洲共同体	EN 10025-1：2004	Hot rolled products of structural steels -General technical delivery conditions EN10025 热轧钢材-总体技术条件		
	EN 10025-2：2004	Hot rolled products of structural steels -Technical delivery conditions for non-alloy structural steels EN10025 热轧钢材-碳素钢技术条件	S185、S235、S275、S355、E295、S335、E360	取代 EN10025：1993
	EN 10025-3：2004	Hot rolled products of structural steels -Technical delivery conditions for normalized/normalized rolled weldable fine grain structural steels EN10025 热轧钢材-正火轧制可焊结构钢技术条件	S275、S355、S420、S460	取代 EN10113：1，2：1993

（续）

国家	标准	名称	代表钢号	备注
欧洲共同体	EN 10025-4：2004	Hot rolled products of structural steels -Technical delivery conditions for thermomechanical rolled weldable fine grain structural steels 热轧钢材-热机械控制工艺轧制钢材技术条件	S275、S355、S420、S460	取代 EN10113：1，3：1993
	EN 10025-5：2004	Hot rolled products of structual steels-Technical delivery conditons for structural steels with improved atmospheric corrosion resistance EN10025 热轧钢材-耐候钢材技术条件	S235、S355	取代 EN10155：1993
	EN 10025-6：2004	Hot rolled products of structural steels- Technical delivery conditions for flat products of high yield strength structural steels in the quenched and tempered condition EN10025 热轧钢材-高强扁钢调质技术条件	S460、S500、S550、S620、S690、S890、S960	取代 EN10137：1，2：1993
国际标准化组织	ISO 4950-1 AMD 1：2003	高屈服强度扁钢材，第1部分：一般要求，修改件1		
	ISO 4950-1：1995	High yield strength flat steel products-Part 1：General requirements		
	ISO 4950-2 AMD 1：2003	高屈服强度扁钢材，第2部分：按正火或控制轧制条件提供的钢材，修改件1	E355、E460	
	ISO 4950-2：1995	High yield strength flat steel products-Part 2：Products supplied in the normalized or controlled rolled condition		
	ISO 4950-3 AMD 1：2003	高屈服强度扁钢材，第3部分：按热处理（淬火＋回火）条件提供的钢材，修改件1	E460、E550、E690	
	ISO 4950-3：1995	High yield strength flat steel products- Part 3：Products supplied in the heat-treated（quenched＋tempered）condition ISO4950-3		
	ISO 4951-1：2001	High yield strength steel bars and sections-Part 1：General delivery requirements 高屈服强度棒材和型材-第1部分：一般交货条件		
	ISO 4951-2：2001	High yield strength steel bars and sections-Part 2：Delivery conditions for normalized. normalized rolled and as-rolled steels 高屈服强度棒材和型材-第2部分：正火热轧钢材	E355、E390、E420	
	ISO 4951-3：2001	High yield strength steel bars and sections-Part 3：Delivery conditions for thermomechanically-rolled steels 高屈服强度棒材和型材-第3部分：热机械控制工艺轧制钢材		
	ISO 630-1995/amd 1：2003	Structural steels-Plates. wide flats. bars. sections and profiles 结构用钢：扁钢、宽扁钢、棒材、型钢	E185、E235、E275、E355	

3.4　钢结构材料选用的实例

为了读者更好地理解钢结构工程材料选用的概念和原则，下面给出一个典型的钢结构工程材料选用的实例，供读者参考。

1. 结构钢材

除结构图样中另有注明外，结构钢材（包括型钢和钢板）牌号和等级应符合表 3-4 规定。

表 3-4　结构钢材牌号和等级

部位	构件	钢材牌号	冲击吸收能量		Z 向性能			
外筒结构	梁	Q355C	0℃	34J	$t \geq 40$	Z15	—	—
		Q390D	−20℃	34J	$t \geq 40$	Z15	—	—
	柱	Q390D	−20℃	34J	$40 \leq t < 100$	Z25	$t \geq 100$	Z35
		Q420D	−20℃	34J	$40 \leq t < 100$	Z25	$t \geq 100$	Z35
		S460M	—	—	—	—	—	—
	支撑	Q355C	0℃	34J	$40 \leq t < 60$	Z15	$t \geq 60$	Z25
		Q390D	−20℃	34J	$40 \leq t < 60$	Z15	$t \geq 60$	Z25
		Q420D	−20℃	34J	$40 \leq t < 60$	Z15	$t \geq 60$	Z25
	节点板	Q355C	0℃	34J	$40 \leq t < 60$	Z15	$t \geq 60$	Z25
		Q390D	−20℃	34J	$40 \leq t < 60$	Z15	$t \geq 60$	Z25
		Q420D	−20℃	34J	$40 \leq t < 60$	Z15	$t \geq 60$	Z25
内部结构	主梁	Q355C	0℃	34J	$t \geq 40$	Z15	—	—
		Q390D	−20℃	34J	$t \geq 40$	Z15	—	—
	次梁	Q235C	0℃	34J	$t \geq 40$	Z15	—	—
	柱	Q355C	0℃	34J	$40 \leq t < 60$	Z15	$t \geq 60$	Z25
		Q390D	−20℃	34J	$40 \leq t < 60$	Z15	$t \geq 60$	Z25
转换桁架		Q355C	0℃	34J	$40 \leq t < 60$	Z15	$t \geq 60$	Z25
		Q390D	−20℃	34J	$40 \leq t < 60$	Z15	$t \geq 60$	Z25
柱脚	柱脚底板	钢材等级同钢柱	—		$40 \leq t < 100$	Z25	$t \geq 100$	Z35

注：t 为产品厚度，单位 mm。

1）Q355、Q390 及 Q420 钢材质量应分别符合现行国家标准《碳素钢结构》（GB/T 700）和《低合金高强度结构钢》（GB/T 1591）的规定，并具有抗拉强度、伸长率、屈服强度和硫、磷含量的合格保证，尚应具有碳含量、冷弯试验、冲击韧性的合格保证。

2）钢材的抗拉强度实测值与屈服强度实测值的比值不应小于 1.2；钢材应有明显的屈

服台阶，且伸长率应大于20%。

3）钢材碳当量 C_{eq}、焊接裂缝敏感性指数 P_{cm} 及屈服强度波动范围应符合《高层建筑结构用钢板》（YB 4104）规定。

4）采用焊接连接节点，当钢材板厚大于或等于40mm，并承受沿板厚方向的拉力时，应按现行国家标准《厚度方向性能钢板》（GB/T 5313）的规定，附加板厚方向的断面收缩率要求，Z 向性能等级见表 3-4。

5）交货状态。对 Q235、Q355 钢材采用正火或热轧状态交货，对 Q355 附加 Z 向性能钢板以及 Q390、Q420 钢材应采用热机械控制工艺（Thermal Mechanical Control Process，TM-CP）状态交货。

6）外筒结构特殊柱中要求采用 S460M 钢材，符合 EN 10113-3 标准，物理化学成分、力学性能要求见表 3-5、表 3-6。对板厚≥15mm 钢板，附加 Z25 厚度方向性能要求应满足 EN 1064 要求，钢板以 TMCP 状态或加速冷却状态交货。

表 3-5　物理化学成分

S460M	C	Si	Mn	P	S	N	Al	Nb	Ni[①]	Cu	Mo	Cr	Ti	CE[②]
化学成分（质量分数，%）	0.14	0.5	1.70	0.025	0.015	0.020	0.020	0.05	0.45	0.30	0.20	0.10	0.025	0.45

① $w(V) \leq 0.09\%$；$w(Nb + V) \leq 0.11\%$

② $w(CE) = w(C) + w(Mn)/6 + w(Cr + Mo + V)/5 + w(Cu + Ni)/15$

当板厚≥30mm 时，$w(CE) = 0.39\%$，$P_{cm} = 0.19\%$

$P_{cm} = w(C) + w(Si)/30 + w(Mn + Cu + Cr)/20 + w(Ni)/60 + w(Mo)/15 + w(V)/10 + 5w(B)$

表 3-6　力学性能

屈服强度/(N/mm²)[①]				抗拉极限强度/(N/mm²)		伸长率	-20℃冲击吸收能量/J	
$t \leq 16$	$16 < t \leq 40$	$40 < t \leq 63$	$63 < t \leq 100$	$t \leq 63$	$63 < t \leq 100$	20%	试件纵向	试件横向
460	440	430	400	530~720	510~680		40	21

注：t 为产品厚度，单位 mm。

①屈服强度也可根据 $R_{p0.2}$ 确定，其设计强度取值应经专家论证会确认方可用于施工。

7）热轧型钢符合《热轧 H 型钢和剖分 T 型钢》（GB/T 11263）的规定；角钢符合《热轧等边角钢尺寸、外形、重量及允许偏差》（GB/T 9787）的规定，钢管符合《结构用无缝钢管》（GB/T 8162）的规定。

8）当采用其他牌号的钢材代换时，须经设计单位认可并符合相应有关标准的规定和要求。综合考虑焊接性及结构工作温度要求，可以用 Q355GJC 代用 Q390D（板厚 >50mm），其设计强度取值应经专家论证会确认方可用于施工。

2. 焊接材料

本例工程中所用的焊缝金属应与主体金属强度相适应，当不同强度的钢材焊接时，可采用与低强度钢材相适应的焊接材料。由焊接材料及焊接工序所形成的焊缝，其力学性能应不低于原构件的等级。

手工焊接用焊条的质量标准应符合《非合金钢及细晶粒钢焊条》（GB/T 5117）或《热强钢焊条》（GB/T 5118）的规定。对 Q235 钢宜采用 E43 型焊条，对 Q355 钢宜采用 E50 型焊条。对 Q390 或 Q420 钢材应选用低合金 E55 系列焊条直接承受动力荷载或振动荷载，厚板焊接的结构应采用低氢型碱性焊条或超低氢型焊条。

自动焊接或半自动焊接采用焊丝或焊剂的质量标准应符合《熔化焊用钢丝》（GB/T 14957）或《熔化极气体保护电弧焊用非合金钢及细晶粒钢实心焊丝》（GB/T 8110）、《非合金钢及细晶粒钢药芯焊丝》（GB/T 10045）、《热强钢药芯焊丝》（GB/T 17493）、《埋弧焊用非合金钢及细晶粒钢实心焊丝、药芯焊丝和焊丝-焊剂组合分类要求》（GB/T 5293）、《埋弧焊用低合金钢焊丝和焊剂》（GB/T 12470）的规定。

气体保护焊所使用的氩气或二氧化碳气体应分别符合现行国家标准《氩》（GB/T 4842）及《焊接用二氧化碳》（HG/T 2537）的规定。

3. 高强度螺栓

本例工程凡未注明的高强度螺栓连接均为摩擦型连接，采用 10.9 级扭剪型高强度螺栓及连接副。高强度螺栓质量应符合《钢结构高强度螺栓连接技术规程》（JGJ 82）、《钢结构用高强度大六角头螺栓、大六角螺母、垫圈技术条件》（GB/T 1231）或《钢结构用扭剪型高强度螺栓连接副技术条件》（GB/T 3633）的规定。所连接的构件接触面采用喷砂（丸）处理，摩擦面的抗滑系数 Q235 为 0.45，Q355、Q390、Q420 及 S460 均为 0.50。

4. 抗剪连接件

除注明外抗剪连接件采用圆柱头栓钉，也可采用剪力挂件（剪力钉）。圆柱头栓钉质量标准应符合《电弧螺柱焊用圆柱头焊钉》（GB/T 10433）的规定，屈服强度为 240N/mm²。栓钉规格除注明外，采用 $\phi16$（长度为 80mm）以及 $\phi19$（长度为 100mm）。剪力挂件（剪力钉）采用机械连接，并满足相应规范规定。

5. 普通锚栓

锚栓采用《碳素结构钢》（GB/T 700）中规定的 Q235 钢或《低合金高强度结构钢》（GB/T 1591）中规定的 Q355 钢制成。

6. 普通螺栓

普通螺栓应符合现行国家标准《六角头螺栓 C 级》（GB/T 5780）和《六角头螺栓》（GB/T 5782）的规定。

7. 压型钢板

本例工程压型钢板采用闭口型镀铝锌钢板［双面镀铝锌总量为 300g/m²（含 5% 铝）］或缩口型镀锌钢板（双面镀锌总量为 275g/m²），最小钢板屈服强度 300N/mm²，肋高在 65mm 以下。压型钢板维修年限不少于 50 年，满足在使用期间不致锈蚀要求。压型钢板作为混凝土楼板的永久性模板，并取代使用阶段组合楼板全部的正弯矩钢筋。压型钢板-组合楼板在板底无防护状态下耐火极限须由消防部门指定的国家级检验单位检验通过。压型钢板板厚须由供应商根据钢结构设计图楼面荷载、钢梁布置、压型钢板铺设方式等条件确定，并满足施工阶段无支撑跨度下强度和挠度要求。铺板图须经设计方确认批准。

本章工作手记

　　本章对钢结构材料的主要概念、性能进行了全面的说明，并对材料选用所涉及的标准、原则、方法做了讨论。最后给出一个典型的钢结构工程材料选用的实例，供读者参考。

钢结构材料选用需要了解的相关概念	钢材	牌号、力学性能、影响力学性能的因素
	高强度螺栓	摩擦型与承压型
钢结构材料选用的基本原则	钢材	见 3.2.1 和 3.2.2 节内容
	螺栓	见 3.2.3 节内容
	焊材	见 3.2.3 节内容
钢结构材料选用依据的国内外标准	国内标准，见表 3-2	
	国外标准，见表 3-3	
钢结构材料选用的实例	中央电视台新址工程主楼的钢结构材料选用	

第4章　钢结构的结构选型

 **本章思维导读**

　　在初步设计阶段，将进行结构工程的选型工作，这是结构工程最重要的一项工作，将在综合考虑结构受力、造价、工期等因素的基础上，确定结构的形式和主要构件的布置及大小。本章将对结构选型的工作进行深入讨论，并对钢结构在高层建筑结构选型中的应用进行重点说明，并给出有代表性的工程实例供读者理解参考。

4.1　结构设计的基础设计参数

　　确定基础设计参数是结构设计最基础的工作。基础设计参数的确定一方面要保证结构的安全性，另一方面也不是定得越高越好，否则结构造价难以控制。从结构抗震的概念来说，也不是结构做得越坚固越好，所以必须确定合理的结构基本设计参数。结构设计的基本设计参数包括荷载、设计使用年限、建筑结构的安全等级、地基基础设计等级等。

4.1.1　荷载

　　一般来说，结构设计所使用的荷载可以从《建筑结构荷载规范》（GB 50009）中获得，但在特殊的情况下必须进行专门的研究来确定。荷载的种类是比较多的，但大体分为三类。第一类是永久荷载，或称为恒荷载，是指结构本身的自重及永久性地附着在结构上的物体的自重。第二类是可变荷载，或称为活荷载，顾名思义，活荷载是一种在使用过程中不断变化的荷载，活荷载包括楼面活荷载、屋面活荷载和积灰荷载、起重机荷载、风荷载、雪荷载等，地震荷载也属于活荷载，但因其特殊性，下一节将重点予以说明。楼面和屋面的活荷载的取值，一般的民用建筑可以从荷载规范中查得，但对于一些特殊功能的建筑，其楼面和屋面的活荷载则需要查询相应的专业规范或按实际情况取值。风荷载一般情况下也可以从荷载规范中查得，但对于重要且体型复杂的房屋和构筑物，应由风洞试验来确定风荷载。第三类是偶然荷载，如爆炸力、撞击力等。

　　另外，必须明确的一点是，目前《建筑结构荷载规范》（GB 50009）中所有的荷载取值是按照 50 年的设计基准期来确定的，对于设计使用年限为 100 年的建筑，结构设计时应另行确定其在设计基准期内的活荷载、雪荷载、风荷载、地震等荷载和作用的取值，确定结构的可靠度指标，以及确定包括钢筋保护层厚度等构件的有关参数的取值。但目前从荷载规范给出的数值来看，除风荷载和雪荷载有设计使用年限为 100 年的荷载数值以外，其他荷载的数据还需经过专门的研究来确定。

设计基准期是指为确定可变作用及与时间有关的材料性能取值而选用的时间，它不等同于建筑结构的设计使用年限。我国建筑设计规范所采用的设计基准期为 50 年，即设计时所考虑荷载、作用、材料强度等的统计参数均是按此基准期确定的。而设计使用年限是指设计规定的结构或结构构件不需进行大修即可按其预定目的使用的年限，即房屋建筑在正常设计、正常施工、正常使用和一般维护下所应达到的使用年限。设计使用年限为 100 年并不一定表示设计基准期为 100 年，至于设计使用年限为 100 年的建筑采用的设计基准期为多少年，还需要进行专门的研究来确定。目前的条件下，对于设计使用年限为 100 年的建筑，除风荷载和雪荷载规范已提供重现期为 100 年的荷载以外，其他荷载只能按照设计基准期为 50 年的荷载来考虑，除非经过专门研究提出更合理的荷载。为保证建筑结构的耐久性能够满足使用年限 100 年的要求，《混凝土结构设计规范》（GB 50010）针对混凝土结构提出了一些提高耐久性的具体技术措施。但总体来说，目前，对于设计使用年限为 100 年的建筑要采用的荷载值，还有许多工作要做。

4.1.2　地震荷载

结构的抗震设计对于结构设计来说是最重要也最困难的部分。在说明地震荷载以前，需先明确震级和烈度两个概念的差别。震级是按一定的微观标准，表示地震能量大小的一种量度。它是根据地震仪器的记录推算得到的，只与地震能量有关。它的单位是"级"。震级的大小与地震释放的能量有关，地震能量越大，震级就越大。震级标准最先是由美国地震学家里克特提出来的，所以又称"里氏震级"。迄今为止世界上记录到的最大地震是 1960 年 5 月 22 日智利的 8.9 级地震。烈度是指地震在地面产生的实际影响，即地面运动的强度或地面破坏的程度，烈度不仅与地震本身的大小（震级）有关，也与震源深度、离震中的距离及地震波所通过的介质条件等多种因素有关。震级和烈度既有联系，又有区别。一次地震只有一个震级，但同一个地震在不同的地区的烈度大小却很不一样。例如，1976 年 7 月 28 日河北省唐山市发生了 7.8 级大地震，震中位于唐山市区，烈度达到 11 度，造成惨重的伤亡和毁灭性的破坏；距震中 40km 的天津市宁河县烈度为 9 度，也遭到严重破坏；距震中 90km 的天津市区烈度为 8 度，许多建筑有不同程度的破坏；距震中 150km 的北京市区烈度为 6 度强，破坏的程度要轻得多。在结构设计中，采用烈度作为设防依据。下面将对结构抗震设计的主要参数进行说明：

1. 建筑抗震设防分类和设防标准

建筑应根据其使用功能的重要性分为甲类、乙类、丙类、丁类四个抗震设防类别。类别的划分应符合国家标准《建筑工程抗震设防分类标准》（GB 50223）的规定。不同的设防分类应采用不同的抗震设防标准。确定设防标准的依据：一是《建筑抗震设计规范》（GB 50011），二是批准的场地地震安全性评价报告。在《建筑抗震设计规范》（GB 50011）中，要求甲类建筑的地震作用取值应按照批准的地震安全性评价结果确定。但按照基本建设程序，需要进行场地地震安全性评价的建筑远不限于甲类建筑。在甲类建筑之外的其他各类建筑的地震作用，应综合考虑《建筑抗震设计规范》（GB 50011）及场地地震安全评价的结果，若二者存在矛盾或不一致的地方，应进行讨论、研究，采用既经济合理，又能够充分保证结构安全性的结果。

2. 抗震设防烈度

抗震设防烈度是按国家规定的权限批准作为一个地区抗震设防依据的地震烈度。抗震规范采用三水准设防思想，即通常所称的"小震可用，中震可修，大震不倒"。小震、中震、大震即是指多遇地震、基本烈度地震和罕遇地震，在设计基准期为 50 年时，相应的超越概率分别为 63%，10% 和 2% ~3%。也可以用地震重现期或回归期 T 来表示，给定重现期 T 的地震烈度就是 T 年一遇的地震烈度，三水准对应的重现期分别为 50 年，475 年和 1975 年。抗震设防烈度的确定应依据《建筑抗震设计规范》（GB 50011）来确定，若工程进行了工程的地震安全评价，则综合考虑抗震规范和安全评价报告来确定。

3. 设计地震动参数

设计地震动参数是指抗震设计用的地震加速度（速度、位移）时程曲线、加速度反应谱和峰值加速度。这些参数是表示抗震设防标准的具体量值，也是作为结构抗震设计最基本的参数。获得这些参数的主要途径有二，一是《建筑抗震设计规范》（GB 50011），二是批准的工程场地的地震安全性评价报告。若二者存在矛盾或不一致的地方，应进行讨论、研究，采用既经济合理，又能够充分保证结构安全性的结果。

4. 建筑的场地类别

建筑的场地类别也是影响地震作用大小的一个重要参数。场地类别应根据土层等效剪切波速和场地覆盖土层厚度划分为Ⅰ、Ⅱ、Ⅲ、Ⅳ共四类。确定建筑场地类别的依据是《建筑抗震设计规范》（GB 50011）及岩土工程勘察报告。

4.1.3　设计使用年限

设计使用年限根据《建筑结构可靠性设计统一标准》（GB 50068）确定，分为四类，临时性结构为 5 年，易于替换的结构构件为 25 年，普通房屋和构筑物为 50 年，纪念性建筑和特别重要的建筑结构为 100 年。

4.1.4　建筑结构的安全等级

建筑结构应根据结构破坏可能产生的后果（危及人的生命、造成经济损失、产生社会影响）的严重性，采用不同的安全等级。按《建筑结构可靠性设计统一标准》（GB 50068）

的要求，建筑结构应分为一级、二级、三级共三个安全等级。

4.1.5　地基基础设计等级

按照《建筑地基基础设计规范》（GB 50007），地基基础设计分为甲、乙、丙三个等级。

4.2　结构选型的原则与方法

结构选型是结构工程设计中最困难的一个问题，从目前的结构材料来说，高层建筑主要分为钢筋混凝土结构、钢与混凝土的组合结构和全钢结构三类。高层建筑钢筋混凝土结构可采用框架、剪力墙、框架-剪力墙、简体和板柱-剪力墙结构体系。组合结构是指由钢框架或型钢混凝土框架与钢筋混凝土剪力墙或简体所组成的共同承受竖向和水平作用的高层建筑结构。全钢结构则是全部采用钢结构梁、柱、支撑、桁架等构件共同形成的承受水平和竖向力的结构体系。

在实际的高层建筑设计中，为满足千变万化的建筑造型和复杂的功能要求，各种结构体系与之适应，也产生了千万种变化，出现了一些新的特殊的结构体系，如巨型柱结构体系（金茂大厦）、空间网状钢结构体系（中央电视台新址工程主楼）等，这是结构工程师永远面临的挑战，不断创新的建筑造型和复杂的功能需求所带来的结构设计上的挑战。

对于高层和超高层建筑来说，影响上部结构选型的因素很多，包括结构材料、施工技术水平、结构设计理论的发展和设计手段的水平，当然还需考虑经济条件的制约。结构工程师在进行结构选型时必须综合考虑上述的各种因素，这也是项目管理者必须给予重点关注的地方。项目管理者应要求结构工程师提出多种结构选型的方案，这一阶段可邀请行业内的专家，提出结构选型的建议，以弥补结构工程师可能的不足，同时对不同的结构选型方案要进行全面的比较和优化，比较的方面包括结构受力的合理性、施工的可行性以及结构造价等。最终设计方应提供结构选型的报告，对各个结构选型方案的平立面布置、受力合理性、施工可行性和方案的造价有比较详细的分析，并在此基础上，确定最优化的结构体系。只有结构选型的工作做得比较深入而全面，后续的结构设计工作才能够在一个稳固、合理的基础上快速前进。

4.2.1　良好的抗震结构应具有的特点

对于高层建筑来说，影响上部结构选型的荷载主要是风荷载和地震作用，尤其是地震作用，是决定结构选型最重要的因素。一个好的结构选型必须具有良好的抗震性能。在《建筑抗震设计规范》（GB 50011）中，从抗震设计的角度，对结构体系的选择提出了相应的要求。

结构体系应符合下列各项要求：

1）应具有明确的计算简图和合理的地震作用传递途径。

2）应避免因部分结构或构件破坏而导致整个结构丧失抗震能力或对重力荷载的承载能力。

3）应具备必要的抗震承载力，良好的变形能力和消耗地震的能力。

4）对可能出现的薄弱部位，应采取措施提高抗震能力。

结构体系尚宜符合下列各项要求：

1）宜有多道抗震防线。

2）具有合理的刚度和承载力分布，避免因局部削弱或突变形成薄弱部位，产生过大的应力集中或塑性变形集中。

3）结构在两个主轴方向的动力特性宜接近。

以上的各项要求是结构抗震概念设计的基础，应满足的要求是强制性的，宜满足的要求则是非强制的。根据上述抗震概念设计的要求，建筑及其抗侧力结构的平面布置宜规则、对称，并应具有良好的整体性；建筑的立面和竖向剖面宜规则，结构的侧向刚度宜均匀变化，竖向抗侧力构件的截面尺寸和材料强度宜自下而上逐渐减小，避免抗侧力结构的侧向刚度和承载力突变。

根据上述的要求，高层建筑的结构分为规则结构和不规则结构两类，规则结构具有良好的抗震性能，不规则的建筑应按规定采取加强措施；特别不规则的建筑应进行专门研究和论证，采取特别的加强措施；严重不规则的建筑不应采用。

4.2.2 超限结构

在实际的工程中，越来越多的建筑方案采用了不规则的结构，规范中将不规则结构分为平面不规则和竖向不规则两类，见表4-1、表4-2。

表4-1 平面不规则的类型

不规则类型	定义
扭转不规则	在具有偶然偏心的规定水平力作用下，楼层两端抗侧力构件弹性水平位移（或层间位移）的最大值与平均值的比值大于1.2
凹凸不规则	结构平面凹进的一侧尺寸，大于相应投影方向总尺寸的30%
楼板局部不连续	楼板的尺寸和平面刚度急剧变化，例如，有效楼板宽度小于该层楼板典型宽度的50%，或开洞面积大于该层楼面面积的30%，或较大的楼层错层

表4-2 竖向不规则的类型

不规则类型	定义
侧向刚度不规则	该层的侧向刚度小于相邻上一层的70%，或小于其上相邻三个楼层侧向刚度平均值的80%；除顶层外或出屋面小建筑外，局部收进的水平向尺寸大于相邻下一层的25%
竖向抗侧力构件不连续	竖向抗侧力构件（柱、抗震墙、抗震支撑）的内力由水平转换构件（梁、桁架等）向下传递
楼层承载力突变	抗侧力结构的层间受剪承载力小于相邻上一楼层的80%

当存在多项不规则或某项不规则超过规定的参考指标较多时，应属于特别不规则的建筑。

在结构的规则性之外，规范对各类钢结构体系，以及各种钢与混凝土的组合结构体系的适用高度也进行了限定：

《建筑抗震设计规范》（GB 50011）第 6.1.1 条规定现浇钢筋混凝土房屋的结构类型和最大高度应符合表 4-3 的要求。平面和竖向均不规则的结构，适用的最大高度宜适当降低。

注：本章"抗震墙"是指结构抗侧力体系中的钢筋混凝土剪力墙，不包括只承担重力荷载的混凝土墙。

表 4-3　现浇钢筋混凝土房屋适用的最大高度　　　　（单位：m）

结构类型		烈度				
		6	7	8（0.2g）	8（0.3g）	9
框架		60	50	40	35	24
框架-抗震墙		130	120	100	80	50
抗震墙		140	120	100	80	60
部分框支抗震墙		120	100	80	50	不应采用
筒体	框架-核心筒	150	130	100	90	70
	筒中筒	180	150	120	100	80
板柱-抗震墙		80	70	55	40	不应采用

注：1. 房屋高度是指室外地面到主要屋面板板顶的高度（不包括局部凸出屋顶部分）。

　　2. 框架-核心筒结构是指周边稀柱框架与核心筒组成的结构。

　　3. 部分框支抗震墙结构是指首层或底部两层为框支层的结构，不包括仅个别框支墙的情况。

　　4. 表中框架，不包括异形柱框架。

　　5. 板柱-抗震墙结构是指板柱、框架和抗震墙组成抗侧力体系的结构。

　　6. 乙类建筑可按本地区抗震设防烈度确定其适用的最大高度。

　　7. 超过表内高度的房屋，应进行专门研究和论证，采取有效的加强措施。

《建筑抗震设计规范》（GB 50011）第 8.1.1 条规定，钢结构民用房屋的结构类型和最大高度应符合表 4-4 的规定。平面和竖向均不规则的钢结构，适用的最大高度宜适当降低。

表 4-4　钢结构房屋适用的最大高度　　　　（单位：m）

结构类型	6、7 度	7 度	8 度		9 度
	（0.01g）	（0.15g）	（0.20g）	（0.30g）	（0.40g）
框架	110	90	90	70	50
框架-中心支撑	220	200	180	150	120
框架-偏心支撑（延性墙板）	240	220	200	180	160
筒体（框筒、筒中筒、桁架筒、束筒）和巨型框架	300	280	260	240	180

注：1. 房屋高度是指从室外地面到主要屋面板板顶的高度（不包括局部凸出屋顶的部分）。

　　2. 超过表内高度的房屋，应进行专门研究和论证，采取有效的加强措施。

　　3. 表内的筒体不包括混凝土筒。

对于钢支撑-混凝土框架和钢框架-混凝土筒体结构，即钢-混凝土的组合结构，其抗震设计应符合《建筑抗震设计规范》（GB 50011）附录 G 的规定。

附录 G.2.1 条规定，按本节要求进行抗震设计时，钢框架-混凝土核心筒结构适用的最大高度不宜超过本规范第 6.1.1 条钢筋混凝土框架-核心筒结构最大适用高度和本规范第 8.1.1 条钢框架-中心支撑结构最大适用高度二者的平均值。超过最大适用高度的房屋，应进行专门研究和论证，采取有效的加强措施。

规范将不规则结构和超过适用高度的结构统称为超限结构。超限结构的结构设计和施工都会面临比规则结构更多的问题和困难，结构造价上也会大幅度地增加。业主在选用超限结构的建筑方案时必须慎重，要根据项目的实际情况量力而行。超限结构的结构选型是一项更为困难的工作，需要项目管理者给予充分的关注，也需要结构工程师发挥大量的创造性劳动，积极地采用新技术新思路来解决。

4.3　各类结构的选型

高楼结构设计的特点是：在较低楼房中，通常是以重力为代表的竖向荷载控制着结构设计，水平荷载对构件截面尺寸的影响一般可以忽略不计。但在高层建筑中，虽然竖向荷载仍对结构设计产生着重要影响，但水平荷载却起着决定性的作用，而且随着楼房层数的增多，水平荷载越益成为结构设计的关键性因素。这是因为，竖向荷载在构件中产生的轴力和弯矩，其数值是与楼房高度的一次方成正比，而水平荷载对结构产生的倾覆力矩，以及由此而引起的竖向构件轴向力，是与楼房高度的二次方成正比。

水平荷载包括风荷载和地震荷载，在非抗震设防地区，风荷载是控制水平荷载，而在地震区，地震荷载则成为结构设计的控制性因素。

4.3.1　全钢结构

在钢结构的诸多体系中，钢框架体系是最基本的一类体系，它有着布置灵活、施工速度快等一系列优点，但也有一个致命缺点：就是刚度比较低，抵抗水平荷载的能力比较差。为了增强其抵抗水平荷载的能力，有诸多的方法和手段，也形成了诸多的钢结构体系，这些方法和手段主要包括：

1. 增加支撑

在框架体系的基础上，沿房屋的横向、纵向或其他主轴方向，根据侧力的大小，布置一定量的竖向支撑。由此也形成了框架支撑体系。若高楼为矩形、圆形、多边形等规则平面，在建筑的平面布局上有比较明确的核心区，用来集中作为电梯井，结构方面则可以将各片竖向支撑布置在核心区的周围，从而形成一个抗侧力的立体构件—支撑芯筒，由此而形成框架-支撑芯筒体系，如图 4-1、图 4-2 所示。

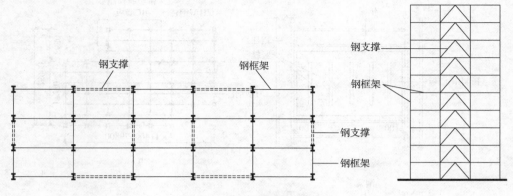

图 4-1 典型的框架支撑体系

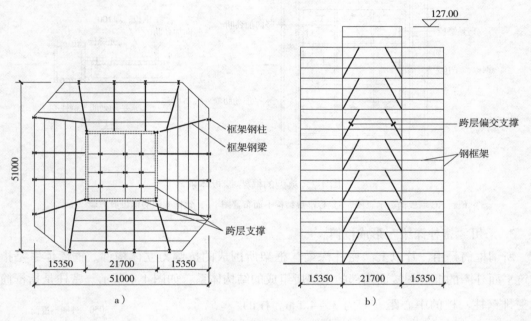

图 4-2 典型的框架-支撑芯筒体系

a) 标准层结构平面图 b) 跨层支撑剖面图

2. 增加墙板抗侧力构件

在框架体系的基础上，沿房屋的横向、纵向或其他主轴方向，布置一定数量的预制墙板。预制墙板可以是带纵横加劲肋的钢板墙，也可以是内藏钢板支撑的预制钢筋混凝土墙板，或预制的带水平缝或竖缝的钢筋混凝土墙板。为了保证墙板只承受水平剪力而不承担重力荷载，墙板四周与钢框架梁、柱之间留有缝隙，仅有数处与钢梁相连。由此而形成框架-墙板体系，如图 4-3 所示。框架-墙板体系的受力特点是：预制墙板只承担楼层水平剪力，同时为整个结构体系的抗推刚度提供部分抗剪刚度。钢框架承担水平荷载引起的全部倾覆力矩和部分水平力，钢框架提供部分抗剪刚度和全部整体抗弯刚度。

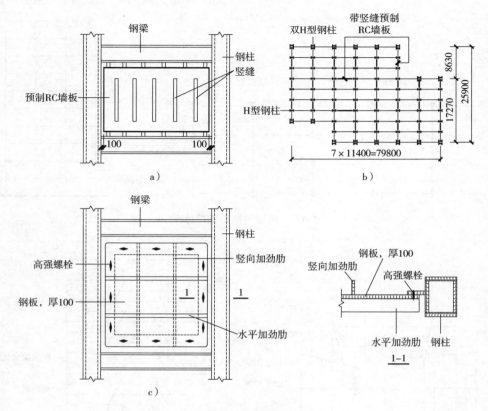

图 4-3 典型的框架-墙板体系

a) 预制 RC 墙板构造示意图 b) 标准层结构平面布置图 c) 钢框架间的钢板剪力墙

3. 采用"密柱深梁"形成框筒

所谓框筒是由三片以上"密柱深梁"框架所围成的抗侧力立体构件。框筒体系是指由建筑平面外圈的框筒和楼面内部的框架所组成的结构体系，如图 4-4 所示。密柱是指框筒采取密排钢柱，柱的中心距一般为 3 ~ 4.5m。柱的强轴方向应位于所在框架平面内，以增加框筒的抗剪刚度和受剪承载力。深梁是指较高截面的实腹式窗裙梁，截面高度一般取 0.9 ~ 1.5m，使钢梁具有很大的抗弯刚度，以减小框筒的剪力滞后效应。框筒的平面形状可以是圆形、矩形、三角形、多边形或其他不规则的形状。因为框筒体系的抗侧力构件是沿房屋周边布置，不仅具有很大的抗倾覆能力，而且具有很强的抗扭能力，所以框筒体系也适合于平面复杂的高楼。楼面内部的框架仅承受重力荷载，所以柱网尺寸可以按照建筑平面功能要求随意布置，不要求规则、正交，柱距也可以加大。

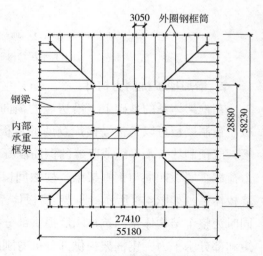

图 4-4 典型的框筒体系

4. 筒中筒体系

为了进一步增强结构抵抗水平荷载的能力，将两个或两个以上的同心框筒组成新的结构体系，称为筒中筒体系，如图 4-5 所示。外筒通常都是由密柱深梁组成的钢框筒，某些情况下，外框筒将增加大型支撑来增加其受力性能或局部增大开孔面积。内筒则可以是密柱深梁所组成的钢框筒，也可以是框架-墙板，或支撑芯筒等。

高楼在水平荷载作用下，内外筒通过各层楼板的联系，来共同承担作用于整个结构的水平剪力和倾覆力矩。为了增加内、外筒之间的整体协调作用，可以在楼房顶层及每隔若干层，在内外筒之间设置水平刚性桁架，这样能够更加有效地加强弯曲型构件与剪弯型构件侧向变形的相互协调，对于减小结构顶点侧移和结构的层间侧移都是非常有利的。总之，筒中筒体系是一个比框筒体系更强、更有效的抗侧力体系，可用于高烈度地震区的楼房。

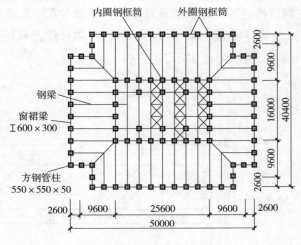

图 4-5　典型的筒中筒体系

5. 巨型框架体系

巨型框架体系是以巨型框架（主框架）为结构主体，再在其间设置普通的小型框架（次框架），所组成的结构体系，如图 4-6 所示。巨型框架的巨型柱，一般是沿建筑平面的周边布置，跨度按建筑使用要求而定，一般均为具有较大截面尺寸的空心、空腹立体构件。巨型梁一般采用 1 ~ 2 层高的空间桁架梁，每隔 12 ~ 15 层设置一道。巨型框架中间的次框架，则一般为普通的承重框架。在巨型框架体系中，巨型框架承担作用于整座大楼的全部水平荷载。在局部范围内设置的次框架，仅承担所辖范围内的楼层重力荷载。

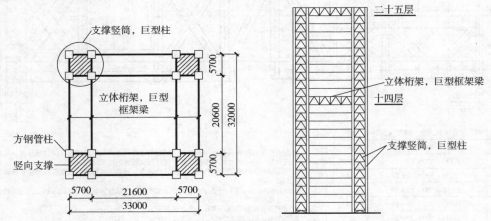

图 4-6　典型的巨型框架体系

6. 水平桁架（或称为刚臂）

水平桁架并非是一个独立的结构体系，但是它却是增强结构受力性能的一个重要构件，在大多数的钢结构体系中，都会采用到水平桁架，如在框架-支撑芯筒体系中，在框筒或筒中筒体系中，都会在顶层及每隔一定楼层设置水平桁架，或称为刚臂，增强内外层结构之间的连接作用，使内外层结构可以协调受力，减小顶层的侧移及中间层的层间位移。在巨型框架体系中，巨型梁一般也是采用巨型立体桁架来实现。在结构内部，如需要局部的大空间，或局部的受力转换及局部增强，在多数情况下，都会采用桁架来实现。所以说，水平桁架在钢结构的各种体系的设计中是一个非常重要的手段。

水平桁架一般由水平杆件，竖向杆件及斜撑组成，在某些情况下，竖向杆件可以取消，图 4-7 所示为在实际工程中采用的桁架。

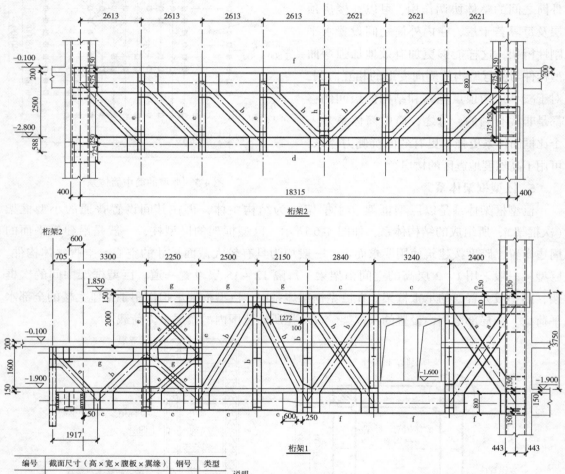

编号	截面尺寸（高×宽×腹板×翼缘）	钢号	类型
a	H588×300×16×26	Q345C	焊接
b	H390×300×10×16	Q345C	焊接
c	H700×300×18×26	Q345C	焊接
d	H588×300×12×20	Q345C	焊接
e	H300×300×10×16	Q345C	焊接
f	H800×300×20×26	Q345C	焊接
g	H488×300×16×22	Q345C	焊接
h	箱形400×300×20×20	Q345C	焊接

说明：
1. 图中桁架杆件腹板横向加劲肋厚度均同与该杆件相交的弦杆或腹杆的翼缘厚度，加劲肋均双面设置，每面的外伸宽度按与相关腹杆较宽翼缘的边缘对齐确定。
2. 箱形钢柱内在桁架上下弦翼缘标高处均需设加劲肋，该加劲肋的厚度取相应弦杆翼缘厚度和24mm的大值。
3. 箱形钢柱内在箱形钢柱与钢筋混凝土梁连接的连接板标高处均需设加劲肋，该加劲肋的厚度取连接板厚度和24mm的大值，具体位置见相关节点详图。
4. 图中未注明的焊缝均为坡口全熔透焊缝。
5. 图中未注明的螺栓为5.6级、A级普通螺栓，直径M20。
6. 箱形钢柱内加劲肋之间净距≥150，中心留洞φ200。
7. 钢材强度等级均为Q345C。

图 4-7 典型的钢结构桁架

以上所述的六种方法和手段是目前钢结构体系中最基本的形式,目前大多数的钢结构体系都是在上述的形式基础上演化而来,为满足实际的建筑设计中对复杂体型的结构设计需要,也形成了各种各样的钢结构体系,如框架体系、框架支撑体系、支撑芯筒刚臂体系、框架-墙板体系、框筒体系、筒中筒体系、框筒束体系、支撑框筒体系、巨型框架体系、大型立体支撑体系等。

目前,建筑方案的设计越来越向着新、奇、特的方向发展,给结构体系的设计和选型带来了越来越大的挑战。下面将介绍几个典型的钢结构体系结构选型实例供大家参考。

工程实例一:上海锦江饭店(支撑芯筒刚臂体系)

1. 结构概况

1)上海市于 1988 年建成的锦江饭店分馆,地下 1 层,深 – 4.5m;地上 44 层,高 153m,按 7 度抗震设防。建筑平面采用带外凸切角的正方形,平面尺寸为 32m×32m。沿纵横方向,房屋高宽比均为 4.8,支撑芯筒的高宽比均为 9.6。

2)主楼采用全钢的支撑芯筒刚臂体系,典型楼层的结构平面和结构剖面如图 4-8 所示。柱网的基本尺寸为 8m×8m。竖向支撑和钢板剪力墙,沿楼面中心服务性竖井的周圈布置,形成支撑芯筒。此外,分别于第二十三层(消防避难层)和四十三层,沿纵横向由支撑芯筒伸出高度为 6m 和 3m 的刚性伸臂桁架,形成刚臂,与外圈钢柱相连。支撑芯筒的组成是:芯筒东西两侧沿周边布置的两列并联的人字形支撑;芯筒南北两侧沿周边布置的三列钢板剪力墙,在二十三层以上换成三列单斜杆支撑,如图 4-8 中剖面图所示。

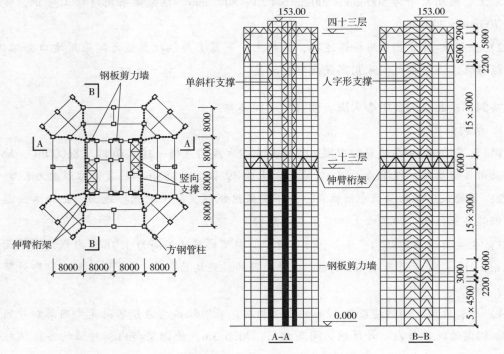

图 4-8 上海锦江饭店的支撑芯筒刚臂体系图

3）主楼钢结构的单位面积用钢量为 $132kg/m^2$。

2. 计算结果

1）风和地震作用下的结构分析结果指出，除结构顶部构件的地震内力大于外荷载内力外，其余部分则均是风荷载控制结构设计。

2）风荷载下的结构分析结果：基本周期为 3.95s；结构的最大风振加速度为 24.4gal，小于容许值30gal；结构顶点侧移角为 1/520；最大层间侧移角为 1/410。

3）对设置刚臂与否，进行风荷载作用下框-撑体系的结构分析结果，列于表4-5。可以看出：于第二十三层增设一道刚臂时，结构顶点侧移减少9%；于第二十三层和第七层各设置一道刚臂时，顶点侧移减少13%；于第二十三、四十三层各设置一道刚臂时，顶点侧移减少12%。

表 4-5 刚臂对框-撑体系动力特性的影响

刚臂设置情况	基本周期/s		结构顶点侧移/mm		支撑钢柱最大拉力/kN	
无刚臂	4.13	100%	332	100%	16500	100%
一道刚臂（第二十三层）	3.91	95%	302	91%	15200	92%
两道刚臂（第七、二十三层）	3.80	92%	289	87%	13300	81%
两道刚臂（第二十三、四十三层）	4.15	100%	294	88%	6800	40%

3. 杆件尺寸

1）框架柱均采用焊接方管，六层以下，截面尺寸为 $700mm \times 700mm \times (20 \sim 80)$ mm；七层以上，截面尺寸为 $500mm \times 500mm \times (20 \sim 80)$ mm。框架梁采用焊接工字钢，截面尺寸为 $700mm \times 300mm$。

2）框架梁-柱节点采用栓焊连接，梁的上、下翼缘与钢柱翼板之间采用坡口全熔透焊，梁腹板与柱上连接板之间采用高强度螺栓连接。

工程实例二：北京国贸中心大厦一期（筒中筒体系）

1. 结构概况

1）北京于1989年建成的中国国际贸易中心大厦的主楼，建筑面积为 $86000m^2$，地下二层，采用筏板基础，埋深为 $-15m$，地面以上为 39 层，高155m，抗震设防烈度为 8 度。

2）主楼采用钢结构筒中筒体系。地下室采用钢筋混凝土结构；地面以上一~三层，采用型钢混凝土结构；四层以上，采用全钢结构。

3）主楼典型层的结构平面如图4-9所示。典型楼层的层高为3.7m。内框筒的平面尺寸为 $21m \times 21m$；外框筒为 $45m \times 45m$；内外框筒的柱距均为3m。房屋的高宽比（即外筒的高宽比）为3.4。

4）内、外筒之间的跨度为12m的钢梁两端，采用铰接构造分别简支于内筒和外筒的钢柱上。钢梁的间距与内、外筒柱的间距相同，均为3m，使钢梁与内、外筒的各根钢柱一一对应。

5）为了进一步提高结构体系的抗震能力，在内框筒四个边的两个跨端，各设置竖向支撑一道（图4-9）。此外，还利用第二十层、三十八层的设备层和避难层，沿内、外框筒周圈各设置一道高度为5.4m的钢桁架，形成两道钢环梁，以加强内、外框筒的竖向抗剪刚度。这些支撑和环梁的设置，也有利于减小框筒的剪力滞后效应，减缓框筒角柱的应力集中，提高框筒的整体抗弯能力。

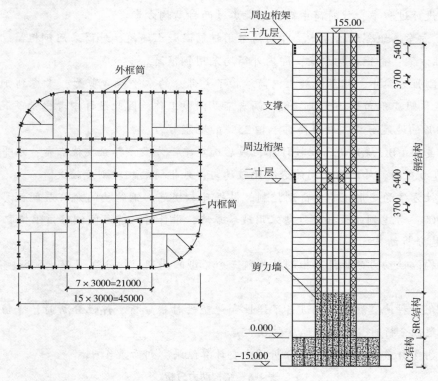

图4-9 北京国贸中心大厦一期的筒中筒体系图

2. 构件的截面尺寸

1）内、外框筒的柱，均采用轧制H型钢，因为其造价低于焊接方形钢管。

2）框筒柱除承受较大轴力外，还承担所在框架平面作用的较大水平剪力和弯矩，而平面外的剪力和弯矩均较小，因而将H型钢的强轴方向布置在内外框筒的框架平面内。

3）内、外框筒所采用的H型钢，其截面尺寸（高×宽×腹板厚×翼缘厚）为：由第四层的468mm×442mm×35mm×55mm，分级变化到顶层的394mm×398mm×11mm×18mm；内框筒角柱的截面尺寸加大，第四层的截面尺寸为508mm×437mm×50mm×75mm。

4）内、外框筒的窗裙梁均采用热轧工字钢，其截面尺寸为：由第四层的610mm×201mm×12mm×22mm，分级变化到顶层的596mm×199mm×10mm×15mm。

5）内、外框筒之间的跨度为12m、间距为3m的楼盖钢梁，采用热轧工字钢，其截面尺寸为：多数楼层为688mm×199mm×12mm×16mm，少数楼层为750mm×200mm×14mm×25mm。各层楼盖梁与内、外筒钢柱的连接均采用铰接。

6）内框筒角部竖向支撑的斜杆采用等边双角钢，截面尺寸为 $2 \llcorner 75 \times 9mm$。

7）各层楼板均采用以压型钢板为底模的现浇钢筋混凝土组合楼板，肋高75mm，板厚75mm。

8）整个大楼结构的总用钢量为11000t，折合单位建筑面积的用钢量为139kg/m²。

3. 结构方案比较

1）在设计过程中，曾对筒中筒体系考虑过两种结构方案：

①刚性方案：组合结构方案，即内筒采用钢筋混凝土墙筒，外筒采用钢框筒。

②柔性方案：全钢结构方案，即内外筒均采用钢框筒。

2）在刚性方案中，钢筋混凝土内筒承担了大部分的水平地震剪力，考虑到钢筋混凝土墙体的弹性极限变形角远小于钢框架，两者不是同步工作。因此设计中考虑钢筋混凝土内筒承担了100%的地震剪力，外框筒再承担25%的地震剪力。

3）按美国 UBC 规范进行比较计算，最后选定柔性方案，其主要优点是：水平地震力较小；地震剪力在内、外两筒之间的分配比较均匀；外框筒的相对刚度较大。

4）柔性方案的变形值需要得到控制。根据日本规范，钢结构的允许层间侧移角，一般情况为1/500；考虑到此大楼的外墙采用玻璃幕墙，设计时允许层间侧移角限值取1/200。

4. 结构分析结果

1）结构弹性动力分析计算出的结构前三个振型的周期值，分别为 $T_1 = 5.5s$，$T_2 = 2.1s$，$T_3 = 1.2s$。

2）采用5种地震波对结构进行了弹性和弹塑性时程分析。弹性分析时，峰值加速度取 $0.15g$；弹塑性分析时，峰值加速度取 $0.35g$。

3）利用 Taft 波进行结构动力分析的主要计算结果，列于表4-6。

表4-6　结构动力分析

峰值加速度	基底剪力 /kN	基底倾覆力矩 / (kN·m)	顶点侧移		最大层间侧移		
			Δ/mm	Δ/H	δ/mm	δ/h	位置
$0.15g$	14000	1.2×10^6	370	1/400	14	1/270	第三十层
$0.20g$	19000	1.6×10^6	500	1/300	19	1/200	第三十层
$0.35g$	34000	2.8×10^6	870	1/170	38	1/98	第三十层

工程实例三：中央电视台新址工程主楼

1. 工程概况

中央电视台新址工程位于北京市朝阳区东三环中路32号，在北京市中央商务区（CBD）规划范围内。用地面积19万 m²，总建筑面积约60万 m²，包括 CCTV 主楼、电视文化中心及服务楼三个单体建筑。

CCTV 主楼（图4-10、图4-11）由塔楼1和塔楼2两座塔楼、9层裙房及基座组成，地下3层，地上总建筑面积40万 m²。塔楼1及塔楼2均呈双向6°倾斜，分别为51层和44层，在三十七层（塔楼 2 为三十层）以上部分用 14 层高的 L 形悬臂结构连为一体。结构屋面高度 234m，最大悬挑长度 75m。裙房为 9 层，与塔楼连为一体。

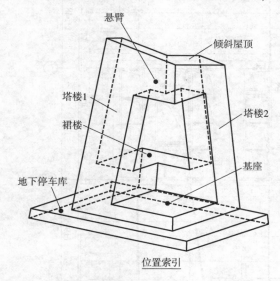

位置索引

外筒体结构示意图（西南方向）

图 4-10　中央电视台新址工程主楼立体模型图　　图 4-11　中央电视台新址工程主楼结构模型图

主楼结构设计使用年限为 100 年，结构安全等级为一级，抗震设防烈度为 8 度，抗震设防类别为乙类。

2. 结构体系

CCTV 主楼采用钢支撑筒体空间结构体系。带斜撑的钢结构外筒体提供结构的整体刚度，部分钢结构外筒体表面延续至筒体内部，以加强塔楼角部及保持钢结构外筒体作用的延续性，外筒体由水平边梁、外柱及斜撑组成，筒体在两个平面都倾斜 6°。外筒柱采用钢柱、劲性混凝土柱。斜支撑截面尺寸及分布根据受力需要而变化。外筒体由两层高的三角形模块构成，即每隔两层柱、边梁和斜支撑交于一点，因而楼面结构分为"刚性层"和"非刚性层"，如图 4-12 所示。外筒结构大量采用高强度钢，如牌号 Q390、Q420 及 Q460，构件最大钢板厚度为 100mm。

所有核心筒及塔楼内柱都是竖直的，与外筒柱一起作用，为"刚性层"之间的楼板提供稳定约束。塔楼核心筒为钢框架结构体系，核心筒体横向布置一定数量的柱间支撑，而纵向主要依靠抗弯框架的作用。核心筒内两个楼层平面之间的侧向约束可以保证两"刚性层"楼板之间楼层的侧向稳定，并传递层间水平荷载。

塔楼内设置了一系列的转换桁架以支撑由于垂直内筒与倾斜外柱之间的跨距加大而增加的内柱。这些内柱通常布置于避难层，将内柱的荷载传递到核心筒和外部筒体上。两塔楼之间悬臂部分的底下两层也设有转换桁架，悬臂部分的柱荷载通过这些转换桁架传递到周边筒体。在九层裙楼处，为了形成演播厅和中央控制区的无柱大空间，也设有转换桁架用以支撑上部楼层的荷载，如图 4-13 所示。

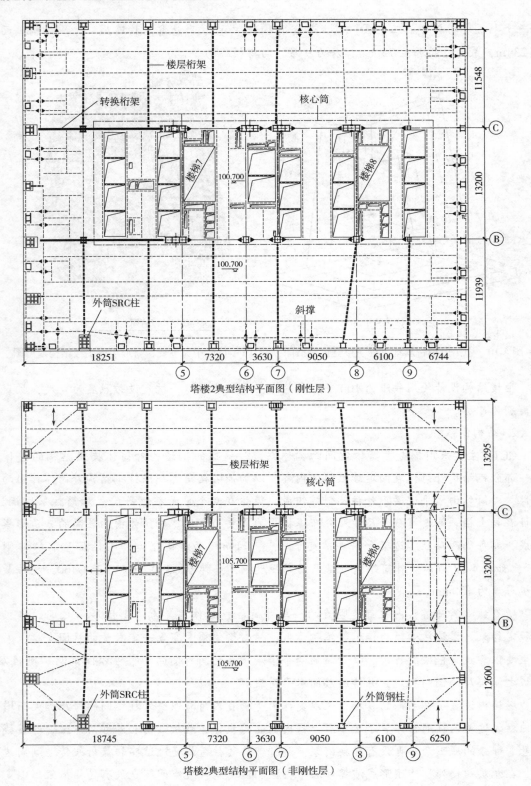

塔楼2典型结构平面图（刚性层）

塔楼2典型结构平面图（非刚性层）

图 4-12　塔楼 2 标准层平面图

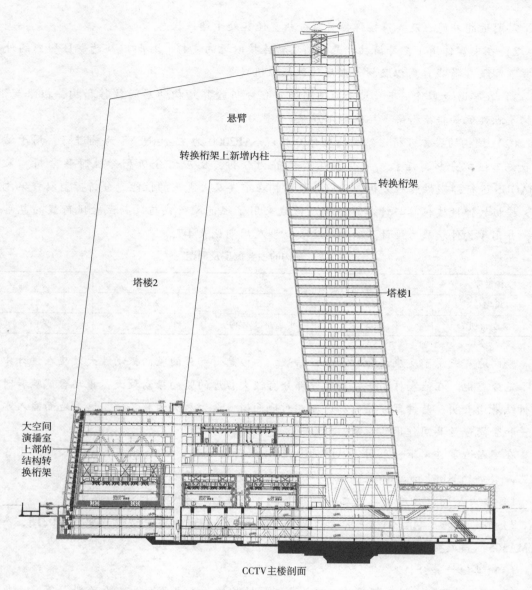

悬臂

转换桁架上新增内柱

转换桁架

塔楼2

塔楼1

大空间演播室上部的结构转换桁架

CCTV主楼剖面

图 4-13　塔楼 1 剖面图

3. 结构的分析计算

（1）抗震设计原则　考虑到结构体系特殊、体型复杂、严重超限以及工程的重要性，采用了性能化抗震设计，在施工图设计阶段确定地震参数如下：地震加速度峰值参照安全评估报告，即小震 $95cm/s^2$（一般 8 度区震 $70cm/s^2$），中震 $265cm/s^2$，大震 $400cm/s^2$，其他参数参照现行抗震设计规范。

在振动台试验的基础上，经与抗震专家组多次研究与论证，最终确定了如下抗震设防目标：

1）在多遇地震作用下按反应谱设计，外筒结构处于弹性状态，在主楼与裙房交界处、三十层附近的外筒柱及支撑按弹性时程分析，使其处于弹性状态。

2）在中震作用下，外筒柱、悬臂与塔楼连接附近的支撑、柱脚以及悬臂区域内的外筒支撑不屈服（荷载作用以及材料强度均取标准值）。

3）在罕遇地震作用下，按动力弹塑性时程分析验算结构的层间位移和构件极限变形，结构重点部位如转换桁架、柱脚等不屈服。

（2）结构的整体分析　结构的整体分析以 SAP2000 为主，ANSYS 为辅进行，用于结构恒载施工模拟分析，活载、风荷载等其他静力分析，反应谱分析和弹性时程分析。采用 ABAQUS 进行弹塑性时程分析，用以验证结构在中震及大震下的性能。分析模型以杆单元为主，楼板按弹性楼板参与计算。结构风荷载采用了规范风荷载与风洞试验风荷载的包络结果，并用于构件承载力设计。结构的主要振型及周期见表4-7。

表4-7　结构的主要振型及周期

振型号	T_1	T_2	T_3	T_8
周期/s	3.87	3.10	2.61	1.22
振型说明	水平，135°方向	水平，45°方向	扭转	竖向

竖向地震采用了反应谱和时程分析结果。主楼悬臂部分的竖向振动放大效应在设计中得到了充分重视。在地震作用下结构悬臂部分有较大程度的竖向振动放大，振动台试验和时程分析结果均表明，悬臂部分竖向加速度相对地面输入最大放大为8.8倍，这是地面输入水平分量和竖向分量共同作用的结果。

在罕遇地震作用下，采用了 ABAQUS 软件进行弹塑性时程分析。地震输入考虑了3组天然波（加州 San Fernando 波3组）和1组人工波。主要分析结果如下：

1）最大层间位移角（二十九层）为1/58，满足规范不大于1/50的要求。

2）构件变形限值：钢柱最大塑性应变 -0.0042，钢斜撑最大塑性应变 -0.0215，参照 FEMA365，满足要求。

（3）其他计算分析

1）施工过程安全性分析及施工模拟分析。结构的施工主要分为三个阶段，第一个阶段是两个塔楼独立施工，直至悬臂合龙连接之前。此时裙楼和塔楼之间也设有施工缝。第二个阶段是悬臂合龙连接，悬臂构件安装完毕，主楼与裙房的施工缝也安装完成。此时尚有少量的延迟构件尚未安装。第三个阶段是延迟构件全部安装完成。此时恒荷载施加完毕，大楼内楼面使用荷载开始施加。

施工过程安全性分析就是考虑到施工过程中的结构形式与最终结构形式有所不同，对施工过程中的最不利情况，及塔楼独立时（即与裙楼脱开，悬臂未合龙前）进行了单独设计，保证结构强度（考虑恒载、施工活载、地震作用、温度作用的不利影响）、刚度和稳定性安全。

由于 CCTV 主楼具有倾斜与连体结构的特点，在施工过程中逐步形成的结构构件内力（恒载作用下）与一次性加载条件下的结构构件内力具有很大差异，必须通过施工过程模拟分析才能得出准确的恒载内力。施工模拟分析采用 SAP2000 和 ANSYS 软件对结构的中间过程进行分别计算（变刚度分析、内力锁定、叠加），各个施工阶段的结构形式分别承担一定的水平荷载，过程中的不可恢复内力在施工过程中锁定，并反映在施工完成后的结构模型中，并与其他工况的内力组合进行构件设计。施工过程中的变形等因素也应根据施工模拟的结果加以考虑。

2）整体结构防连续倒塌分析。对关键构件的弹性坚固性分析，使用弹性分析方法来确定周边支撑筒体的关键构件发生重大破坏时对结构整体的不利影响。将主楼重要结构构件如外筒柱、支撑在关键区域去掉后，进行重力荷载作用下的结构分析，用材料强度标准值来得到能力/要求比。分析表明，结构显示出很高的冗余度，在拟定的结构局部破坏发生时，都能很好地将内力重分布，从而保证结构的安全。

3）悬臂部分的振动与舒适度研究。

4.3.2　钢-混凝土组合结构

钢-混凝土组合体系是目前国内高层建筑中采用最多的一种体系。这种体系的特点是：其结构体系中的承重构件和抗侧力构件，分别采用钢构件、型钢混凝土构件和钢筋混凝土构件。结构体系中的钢构件和钢筋混凝土构件，通过各楼层的板、梁和伸臂桁架之类水平构件连为一体，共同承担作用于楼房的水平荷载和竖向荷载，并按照它们各自的抗推刚度和荷载从属面积进行分配。

这种组合结构体系充分利用了钢结构和混凝土结构各自的优点，做到了优势互补。钢结构的优点是材料强度高、延性好、截面尺寸小、跨度大等，而其缺点是抗推刚度小。而混凝土结构的优点恰恰在于具有较大的抗推刚度和抗剪承载力。钢-混凝土组合结构一般采用钢构件作为外围的承重框架，主要承受竖向力，在核心筒采用型钢混凝土结构或钢筋混凝土结构，主要用来承受水平力，内外的结构通过楼板、梁及伸臂桁架来形成一个整体，共同受力，实现了钢结构与混凝土结构的优势互补。

组合结构与钢筋混凝土结构相比，可以有效地减少构件的截面面积，增加建筑的有效使用面积，结构的延性好，抗震性能可靠度高；与钢结构相比则可以有效增大抗推刚度，减少用钢量，减少复杂而昂贵的钢结构节点，同时施工速度并不比钢结构慢多少。

但并不能说钢-混凝土组合体系就绝对的好，没有任何问题。由于钢-混凝土组合结构仍然是一种相对较新的结构体系，国内外对组合结构的抗震性能仍然缺乏全面系统的了解。对组合结构的延性、耗能及地震作用下两类构件同步工作程度、破坏机制和倒塌过程，仍需要做深入的研究。近些年，组合结构高楼在国内得到了非常广泛的发展，如一些非常知名的建筑：上海金茂大厦、北京国贸三期工程、上海环球金融中心、上海世茂国际广场、深圳帝王大厦、深圳赛格大厦等。在这些工程设计中，多数混凝土芯筒在构造方面都采取了增设型钢暗柱或暗框架的加强措施，并采用了多种软件对构件的实际受力状态及其变化过程进行了模拟分析计算。相信随着设计经验的不断丰富，工程实例的不断增多，设计手段的不断完善，钢-混凝土组合结构还将获得更大的发展。

1. 钢-混凝土组合结构设计要点

（1）房屋体型

1）建筑平面的外形宜简单、规则，结构构件的布置应尽量使结构的抗侧力中心与外荷载水平合力中心相重合。

2）建筑的立面形状宜简单、对称；结构的侧向刚度和承载力沿竖向宜均匀变化；构件截面尺寸和材料强度宜自下而上逐渐减小，且两者的变化不应位于同一楼层，宜错开一或两个楼层。

3）楼房的高度及高宽比应满足相应的规范要求。

（2）结构体系设计

1）采用钢框架-混凝土核心筒或型钢混凝土框架-混凝土核心筒结构体系的高层建筑，当核心筒的高宽比较大（$H/B \geqslant 12$）时，可于顶层及每隔若干层（15~20层）设置加劲层，以减少结构在风荷载或地震荷载作用下的侧移。在加劲层内，沿核心筒纵、横墙体中心线设置伸臂桁架，必要时再沿外围框架中心线布置周边桁架。伸臂桁架应与抗侧力墙体刚接，其上、下弦应伸入并贯通抗侧力墙体；伸臂桁架与外围桁架的连接宜采用铰接或半刚接。

2）在钢-混凝土组合结构中，外围框架平面内梁与柱应采取刚性连接；楼面梁与外框架及钢筋混凝土核心筒的连接，可采取刚接或铰接。

3）对于侧向刚度突变的楼层，例如转换层、加劲层、空旷的顶层、屋顶凸出部分、钢或型钢混凝土结构与钢筋混凝土的交接层及邻近楼层，应采用可靠的过渡加强措施。

（3）抗震设计

1）采用钢-混凝土组合结构体系的高楼，风、地震等水平荷载主要是由钢筋混凝土筒体来承担，应采取有效措施，确保钢筋混凝土筒体具有足够的延性。

2）7度抗震设防、高度不大于130m的组合结构高楼，钢筋混凝土筒体的四角以及楼面钢梁（或型钢混凝土梁）与筒体交接处，宜设置型钢暗柱。

3）8、9度抗震设防及7度抗震设防，且高度大于130m的混合结构高楼，上面第2）条中所述的各个部位均应设置型钢暗柱。

4）在钢-混凝土组合结构中，钢柱应采用埋入式柱脚，型钢混凝土柱脚宜采用埋入式柱脚。埋入式柱脚的埋置深度不宜小于型钢柱截面高度的3倍，设置多层地下室的情况例外。

2. 钢-混凝土组合结构体系类型

钢-混凝土组合结构体系的基本体系是"混凝土芯筒-钢框架"体系，它是由钢筋混凝土芯筒与外圈的刚接或铰接钢框架共同组成的组合结构体系。它具有以下显著体系特征：

1）高楼的楼层平面采用核心式建筑布置方案，沿楼面中心部位的服务性面积周边设置钢筋混凝土墙体形成核心筒，成为一个立体构件，在各个方向均具有较大的抗推刚度。

2）混凝土核心筒是结构体系中的主要或唯一的抗侧力竖向构件。当楼面外圈为刚接框架时，芯筒则承担着作用于整座楼房的水平荷载的大部分，小部分由钢框架承担。当楼面外圈为铰接框架时，芯筒则承担楼房的全部水平荷载。

3）当芯筒的高宽比较大时，宜在高楼的顶层及每隔若干层的设备层或避难层，沿芯筒的纵横墙体所在平面，设置整层高的外伸刚性桁架（刚臂），加强芯筒与外圈钢柱的连接，让外圈钢柱与芯筒连成一个整体抗弯构件，以加大整个结构的抗推刚度和抵抗倾覆力矩的能力，减小结构的顶点侧移值和最大层间侧移值。

"混凝土芯筒-钢框架"体系是钢-混凝土组合体系中最基本的体系，也是目前钢-混凝土组合体系中使用最为广泛的体系。但为了适应目前建筑方案设计越来越新颖奇特、建筑功能日益复杂多样的要求，钢-混凝土混合结构在基本体系的基础上，衍生出了多种新的体系，如：

（1）混凝土偏筒-钢框架体系　适用于某些需要开阔空间的高层建筑，不允许采用核心式建筑布置方式，而是将核心筒布置在楼面的一角或一侧，形成了混凝土偏筒-钢框架体系。偏置于楼面一侧的钢筋混凝土核心筒具有很大的抗推刚度，为了尽量减少各楼层的结构偏心，减少结构在地震作用下的扭转，芯筒另一侧钢框架宜采用具有较大抗推刚度的大截面梁和柱。

（2）混凝土内筒-钢外筒体系　此种体系是将外圈的钢框架进行加强，采用密柱深梁形成钢框筒，和内圈的钢筋混凝土核心筒一起，形成筒中筒体系，以适用于高度大于 200m，高宽比大于 4 的高层建筑。

（3）芯筒悬挂体系　这是一种特殊的组合结构体系，混凝土核心筒之外的钢框架均通过悬臂钢桁架及钢吊杆悬挂在核心筒上，核心筒承受所有的竖向力和水平力。这种体系是为了适应特殊的建筑设计而产生的，其抗震性能较差，仅适用于非地震区及低烈度区的高层建筑，其适用高度也不应过高。

（4）多筒钢梁体系　是由三个以上的钢筋混凝土筒体作为竖向构件，各楼层大跨度钢梁（或桁架）作为水平构件所组成的结构体系。多筒钢梁体系适用于层数不是很多，楼面使用面积要求宽阔无柱空间的高层建筑。多个钢筋混凝土筒体与横跨其间的大型钢梁所组成的立体框架，承担着大楼的全部重力荷载和水平荷载。大型钢梁之间布置型钢次梁，承托各层现浇钢筋混凝土组合楼板。

（5）混凝土框筒-钢框架体系　其特点在于将混凝土核心筒推到外围，形成钢筋混凝土框筒，而钢框架则转移到钢筋混凝土框筒的内部。这样使建筑围护部件与结构承力构件合二为一，大楼外墙面除了采光所需面积外，其余面积均可用于钢筋混凝土框筒的梁和柱，使框筒各杆件具有较大截面尺寸，从而减弱框筒的剪力滞后效应，提高框筒的抗推刚度和抗倾覆能力。由于外框筒承担了整座大楼的全部水平荷载后，内部框架仅需承担竖向荷载，梁与柱之间可以采取铰接，简化了构造，方便了施工。建筑内部采用钢结构，可以充分加大柱网尺寸，从而能为楼面提供开阔的使用空间。

以上提到的只是几种典型的钢-混凝土组合结构体系，由于建筑设计的千变万化，结构设计在基本设计规律不变的基础上，也呈现出丰富的变化和多样性，结构工程师必须发挥他们的创造性，应对建筑设计不断的挑战。

为了使读者对钢-混凝土组合结构体系有更深入的理解，下面将举几个工程实例，这些实例均是国内近些年来建成的知名建筑，非常具有典型性。

工程实例一：上海世贸国际广场

1. 工程概况

工程地处闹市中心，地上 60 层，地下 3 层，总高约 246m，屋顶装饰桅杆杆顶标高为 333m。2004 年 10 月 18 日结构封顶，2006 年 10 月酒店开业。总建筑面积为 17.1 万 m^2。

2. 结构体系

基础为桩筏基础，地下室外壁和基础施工时的围护结构两墙合一，外壁采用地下连续墙。主楼桩型均采用钻孔灌注桩，桩径为 ϕ850，持力层为层⑨1（粉细砂夹粉质黏土），单桩极限承载力为 8800kN。

主楼平面形状为等腰直角三角形，中部设芯筒，周边三面为巨型框架。一～十一层采用钢筋混凝土框筒，外框角部巨型柱采用钢骨混凝土。十二层以下芯筒周边墙体厚度为 1200mm，并在伸臂桁架位置内设置上下贯通的型钢，使筒体具有足够的延性。十二层以上外周边为巨型框架结构，利用十一、二十八和四十七层的设备层配置周边巨型桁架，其余角部的巨型柱形成巨型框架结构体系，如图 4-14、图 4-15 所示。为进一步增加结构的刚度，减少楼层侧移，在周边桁架的相应楼层还设置外伸臂桁架。周边桁架之间则设置钢框架，作为二次结构。由于十二层以上角部巨型柱外移了 1.5m，设计中采用了斜柱转换的方式。

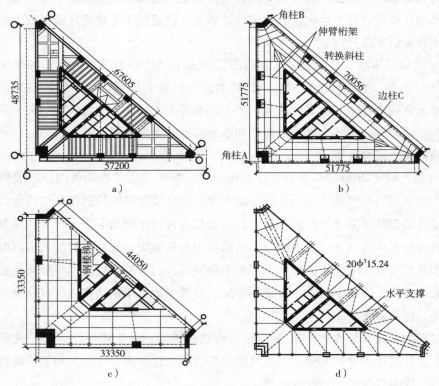

图 4-14　典型层平面图

a) 十一层以下标准层平面　b) 十二层转换层平面　c) 四十八层加强层平面　d) 三十七层水平支撑及预应力索布置图

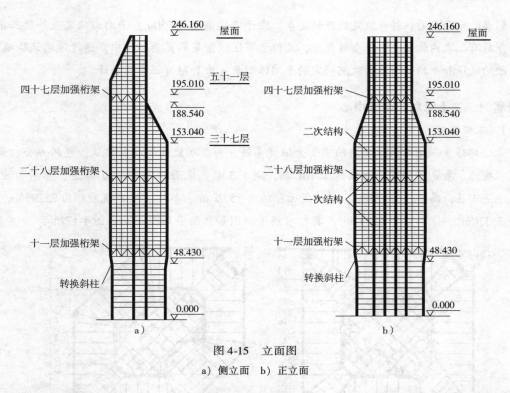

图 4-15　立面图

a) 侧立面　b) 正立面

　　主楼标准层层高 3.65m，为了尽量降低楼层结构高度，楼层采用压型钢板组合楼板，主次梁均按组合梁设计。标准层楼板厚度 120mm，加强层厚度 180mm。为了提高楼板刚度，减轻楼板自重，改善楼盖的防火性能，压型钢板采用闭口型，在施工阶段做混凝土的底模，在使用阶段代替板底钢筋，压型钢板双面镀锌总量要求不小于 $300g/m^2$，以适应设计使用年限内的防腐要求。主梁与外柱及芯筒均采用铰接，外框架梁与巨型柱刚接，形成抗弯框架。

　　3. 计算分析

　　结构弹性阶段采用 SATWE 计算，同时用 ETABS 进行校核对比，并采用弹性动力时程分析法补充计算。输入上海人工波 SHW1.2.3 进行补充验算，以确定是否存在薄弱层。计算结果见表 4-8。

表 4-8　计算结果

参数	T_1		T_2	T_3	T_3/T_1
周期/s	4.92		4.16	3.19	0.6
振型性质	平动		平动	扭转	平扭比
最大层间位移角	作用于荷载		地震作用		风荷载
	X 向		1/1154（二十四层）		1/529（二十四层）
	Y 向		1/1235（二十二层）		1/1328（二十二层）

　　结果表明，结构沿斜边高度方向为最不利方向，楼层位移限值由风荷载控制（按 50 年重现期规范风压计算）。由于伸臂桁架的设置，楼层层间位移减小了 15% ~ 20%。结构竖向没有明显

的薄弱层，平面内的扭转也满足规范的要求。由于塔楼高度近250m，平面形状又呈等腰三角形，立面先后有二次内收变化，体型较复杂，又位于市区较密集的复杂环境中，通过风洞试验确定建筑表面的风压和平均风荷载，风洞确定的平均体型系数为1.73（正负压合计）。

工程实例二：上海环球金融中心

1. 工程概况

上海环球金融中心位于上海陆家嘴金融贸易区，为多功能的超高层建筑，包括办公、商贸、宾馆、观光、展览等功能。主楼地上101层，地下3层，地面以上高度为492m，裙房为地上4层，地下3层，高度约为15.8m，总建筑面积约为35万m^2，其中主楼建筑面积为252935m^2，裙楼为33370m^2，地下室为63751m^2，其标准层平面图和立面图如图4-16、图4-17所示。

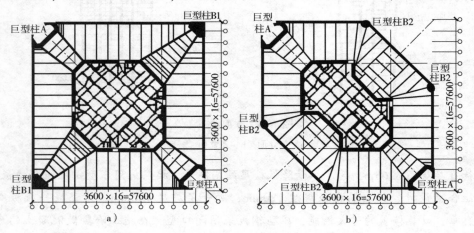

图4-16 环球金融中心标准层平面图

a）下部平面 b）上部平面

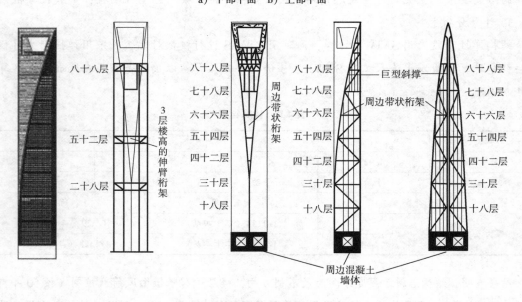

图4-17 立面图及结构体系示意图

工程的结构设计基准期为 50 年，主楼的安全等级为一级。抗震设防烈度为 7 度，场地特征周期为 0.9s，基本地震加速度为 0.1g，建筑场地类别为 Ⅳ 类，抗震设防类别为乙类，设计地震分组为第一组。

2. 结构体系

工程主楼采用钢管桩加筏板的基础形式，其中主楼核心筒区域采用 $\phi700 \times 18$mm 钢管桩，有效桩长为 59.85m，承载力特征值为 5750kN；主楼核心筒以外区域采用 $\phi700 \times 15$mm 钢管桩，有效桩长为 41.35m，承载力特征值为 4250kN。主楼区域底板厚度为 4.0~4.5m。

上部结构同时采用以下三重抗侧力结构体系：

1）由巨型柱（主要的结构柱）、巨型斜撑（主要的斜撑）和周边带状桁架构成的巨型框架结构。

2）钢筋混凝土核心筒（七十九层以上为带混凝土端墙的钢支撑核心筒）。

3）联系核心筒和巨型结构柱间的外伸臂桁架。以上三个体系共同承担了由风和地震引起的倾覆弯矩。前二个体系承担了由风和地震引起的剪力。

标准办公层及酒店层楼面采用普通混凝土与压型钢板组成的组合楼盖，厚 156mm。压型钢板仅作模板使用，故不做防火漆。周边带状桁架下弦所在楼层采用厚 10mm 的钢板加厚 190mm 的混凝土板进行加强，设计中考虑了钢梁与混凝土楼板的组合作用。

建筑结构体系有如下一些特点：

1）巨型柱、巨型斜撑、周边带状桁架构成的巨型结构具有很大的抗侧力刚度，在建筑物的底部外围的巨型桁架筒体承担了 60% 以上的倾覆力矩和 30%~40% 的剪力，而且与框筒结构相比，避免了剪力滞后的效应，也适当减轻了建筑结构的自重。

2）外伸臂桁架在建筑中所起的作用较常规的框架-核心筒或框筒结构体系已大为减少，使得采用非贯穿核心筒体的外伸臂桁架成为可行。

3）位于建筑角部的巨型柱可以起到抵抗来自风和地震作用的最佳效果，型钢混凝土的截面可提供巨型构件所需要的高承载力，也能方便与钢结构构件的连接，同时使巨型柱与核心筒竖向变形差异的控制更容易。

4）巨型斜撑采用内灌混凝土的焊接箱形截面，不仅增加了结构的刚度和阻尼，而且也能防止斜撑构件钢板的屈曲。

5）每隔 12 层的一层高的周边带状桁架不仅是巨型结构的组成部分，同时也将荷载从周边小柱传递至巨型柱，也解决了周边相邻柱子之间的竖向变形差异的问题。

3. 结构的分析及试验工作

（1）计算原则 结构整体分析采用了多个三维结构分析程序，包括 ETABS（版本 8.0，CSI 公司）、中国建筑科学研究院的 SATWE 程序和 SAP2000（版本 8.0，CSI 公司）及韩国 MIDAS 公司的 MIDAS/GEN 程序。对结构中较复杂的部分，除了整体结构的分析外，也以独立模型分析作为补充，例如塔楼顶部、核心筒墙体转换和外伸桁架的分析。另外，也对重要构件和节点进行了详细的三维有限元分析。

根据抗震审查意见的要求,在抗震设计中,进行了7度设防烈度地震(地面加速度峰值为0.1g)和罕遇地震(地面加速度峰值为0.22g)的弹性时程分析,也考虑了深层软土地基长周期对高柔建筑的影响。另外,附加的弹性时程分析被用来确定建筑物中相对较为薄弱的构件,并与静力推覆分析的结果进行对比。

(2)计算模型 整体计算中钢结构和混凝土梁、柱及斜撑假定为框架单元,而核心筒假定为壳单元。在程序ETABS、SATWE和SAP2000分析中都考虑了P-Δ效应和扭转效应,而且考虑了风荷载和地震作用的最不利方向。为提高计算效率及避免不必要的复杂细节,采用的计算模型对结构进行了适当的简化。

1)模型只模拟抗侧力体系,对大楼整体侧向反应影响较小部分,如楼面梁则被省略。

2)在ETABS和SAP2000模型中,核心筒以外楼板的平面刚度采用了等效的楼面桁架来模拟(类似弹性楼板)。

3)由于计算机难以准确地模拟荷载在混凝土和钢结构之间的传递,对埋置在混凝土中的钢结构构件,如核心筒周边桁架等,采用计算机整体模型得出的荷载以独立的钢结构模型进行分析。

(3)计算结果

1)采用不同软件和模型的整体分析结果见表4-9。

表4-9 整体分析结果

分析软件		ETABS	SATWE	SAP2000	MIDAS/GEN
周期/s	T_1	6.52	6.24	6.62	6.33
	T_2	6.34	5.93	6.47	6.00
	T_3	2.55	2.17	2.52	2.20
	T_4	2.09	1.84	2.14	1.96
	T_5	1.99	1.72	2.00	1.90
最大层间位移角 (100年重现期风荷载)	X	1/581	1/526	1/559	1/560
	Y	1/901	1/870	1/877	1/880

2)静力弹塑性分析结果:在罕遇地震作用下,性能控制点对应的建筑顶点位移X方向为1.85m,Y方向为2.14m,最大层间位移角,X方向:1/217,出现在六十九层;Y方向:1/183,出现在七十一层,均小于1/120。

工程实例三:上海金茂大厦

1. 工程概况

上海金茂大厦是一座集办公、宾馆、商业于一体的综合性大楼,塔楼高421m,地上部分88层,包括裙房的总建筑面积为28万m²。金茂大厦由美国SOM事务所设计。金茂大厦平面图如图4-18所示。

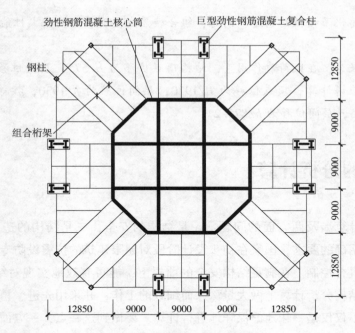

图 4-18　上海金茂大厦标准层平面图

2. 结构体系

该结构地上部分为钢-混凝土组合结构体系，由八边形的钢筋混凝土核心筒与外框的 8 个巨型型钢混凝土组合柱和 8 根巨型钢柱及组合楼盖所组成。

混凝土核心筒的厚度由基础处的 850mm 变化至八十七层处的 450mm，相应的混凝土强度为 C60、C50、C40。8 个型钢混凝土巨型组合柱分别成对布置在外侧四边，由宽翼型 H 型钢及钢筋混凝土组成，其截面自下而上由 5.0m×1.5m 变为 3.5m×1.0m。巨型钢柱分别成对布置在角部，由 H 型钢和钢板焊接而成，其平面位置通过转换钢柱经过 11 次转换逐步向核心筒内收。在二十四～二十六层、五十一～五十三层和八十五～八十七层三个部位设置了两层高的外伸钢桁架，通过外伸钢桁架将外侧巨型组合柱与位于中央的钢筋混凝土核心筒连接成整体作为抗侧力体系。

金茂大厦主体结构可视为一竖向悬臂梁，在其弯曲变形时，通过外伸桁架使混凝土核心筒与巨型柱协同工作，以最大限度地利用结构的有效宽度，从而为抵抗侧向荷载提供了有力支持。混凝土核心筒作为主要的抗侧力体系，质量及刚度均较大，并具有较好的动力阻尼特性，减少了风荷载引起的动力反应。而相对均匀分布的重力荷载，抵消了巨型组合柱中可能产生的拉力；同时，八角形混凝土筒体具有很大的抗扭刚度，可免除外框体系的环向加强带。

结构的横向承重体系为宽翼缘型钢和桁架梁与混凝土板所形成的钢-混凝土组合楼盖。楼面钢梁的标准间距为 4.4m，钢梁间为由厚度为 1.2mm，高度为 7.6cm 的压型钢板和 8.25cm 厚的现浇混凝土所组成的组合板。压型钢板在施工时作为混凝土的永久性模板，免除了模板的拆装过程；压型钢板施工方便，可不使用支撑，压型钢板在混凝土硬化后作为板底的受力钢筋，简化了楼板的构造，同时，组合楼盖也具有较好的抗火性能。

3. 结构分析

结构分析结果为，在风荷载作用下，结构顶点位移为 $H/575$，层间位移为 $h/550$；在地震作用下，按反应谱计算，顶点位移为 $H/1930$，层间位移为 $h/1930$，按等效静力法计算，顶点位移为 $H/845$，层间位移为 $h/875.2$。

4.4 结构的分析计算

结构的分析计算涉及两方面的问题：一是结构的安全，二是结构的造价。对于结构安全，国家规范有明确的要求，国家在初步设计阶段对超限建筑的抗震设防专项审查的目的也是对结构的安全进行控制。在满足结构安全的前提下，能否有效地实现对结构造价的控制，则需要设计师在结构分析计算上做大量深入而细致的工作，并采用先进、精确、科学而合理的分析方法，而不仅仅是一味地偏保守地进行计算。要做到这一点，一方面需要设计者的责任心和设计水平，另一方面，也需要项目管理者选派具有相应专业知识和管理能力的人员来促进设计师的工作。

4.4.1 荷载与荷载的组合

结构分析计算首先要明确荷载和荷载的组合。

荷载包括永久荷载和可变荷载，对于荷载在前面的内容中已有比较详细的说明。荷载组合是指结构设计应根据使用过程中在结构上可能同时出现的荷载，按承载能力极限状态和正常使用极限状态分别进行荷载（效应）组合，并应取各自最不利的效应组合进行设计。

简单说来，就是结构上同时可能有多个荷载作用，每个荷载都会对结构的受力和变形产生影响，最终结构设计是考虑到这多个荷载的综合作用，并且是最不利的情况。由于各个荷载对结构的影响是不同的，所以每个荷载对结构的影响要乘以一个贡献的系数，然后再综合到一起。荷载组合就是要确定哪些荷载参与组合及每个荷载的参与系数是多少，荷载组合可以按照规范要求来执行。

表4-10为实际工程中采用的荷载效应组合系数，本组合适用于小震弹性分析，用于进行构件承载力验算，各荷载作用的分项系数应按表中取值，并取各构件可能出现的最不利组合进行截面设计。

表 4-10　荷载效应组合系数-承载力验算

组合		恒载		活载		风	地震	
		不利	有利	不利	有利		水平	竖向
1	恒载 + 活载	1.35	1.0	0.7 (0.9) ×1.4	0.0	—	—	—
2	恒载 + 活载	1.2	1.0	1.4	0.0	—	—	—

（续）

组合		恒载		活载		风	地震	
		不利	有利	不利	有利		水平	竖向
3	恒载＋活载＋风载	1.35	1.0	0.7（0.9）×1.4	0.0	1.0×1.4	—	—
4	恒载＋风载	1.35	1.0	—	—	1.0×1.4	—	—
5	恒载＋活载＋水平地震＋风载	1.2	1.0	0.5×1.2	0.5	0.2×1.4	1.3	—
6	恒载＋活载＋竖向地震＋风载	1.2	1.0	0.5×1.2	0.5	0.2×1.4	—	1.3
7	恒载＋活载＋水平地震＋竖向地震＋风载	1.2	1.0	0.5×1.2	0.5	0.2×1.4	1.3	0.5
8	恒载＋活载＋水平地震＋竖向地震＋风载	1.2	1.0	0.5×1.2	0.5	0.2×1.4	0.5	1.3

注：当活载大于 4kPa 时，为 0.9。

4.4.2 抗震分析

结构分析的重点是抗震分析，其他荷载的分析则要简单得多。对于抗震分析，目前仍有许多问题研究得不是很透彻。《建筑抗震设计规范》（GB 50011）对抗震分析提出了具体的要求，这也是项目管理者应予以关注和了解的，以下将对抗震分析中项目管理者应予以关注的一些重点问题进行说明。

1. 规范对于结构的截面抗震验算和变形验算的规定

1）抗震设防烈度为 6 度时的建筑（不规则建筑及建造于Ⅳ类场地上较高的高层建筑除外），以及生土房屋和木结构房屋等，应符合有关的抗震措施要求，但应允许不进行截面抗震验算。

2）6 度时不规则建筑、建造于Ⅳ类场地上较高的高层建筑，以及设防烈度为 7 度和 7 度以上的建筑结构（生土房屋和木结构房屋等除外），应进行多遇地震作用下的截面抗震验算。

3）对于表 4-11 所列的各类结构还应进行多遇地震作用下的抗震变形验算，按弹性层间位移角限值控制。

4）对于不规则且具有明显薄弱部位可能导致地震时严重破坏的建筑结构（具体可参见《建筑抗震设计规范》GB 50011 第 5.5.2 款的要求），应按《建筑抗震设计规范》（GB 50011）的有关规定进行罕遇地震作用下的弹塑性变形分析，按表 4-12 所示的弹塑性层间位移角限值控制。

表 4-11　弹性层间位移角限值

结构类型	$[\theta_e]$
钢筋混凝土框架	1/550
钢筋混凝土框架-抗震墙、板柱-抗震墙、框架-核心筒	1/800

（续）

结构类型	$[\theta_e]$
钢筋混凝土抗震墙、筒中筒	1/1000
钢筋混凝土框支层	1/1000
多、高层钢结构	1/250

表 4-12　弹塑性层间位移角限值

结构类型	$[\theta_p]$
单层钢筋混凝土柱排架	1/30
钢筋混凝土框架	1/50
底部框架砌体房屋中的框架-抗震墙	1/100
钢筋混凝土框架-抗震墙、板柱-抗震墙、框架-核心筒	1/100
钢筋混凝土抗震墙、筒中筒	1/120
多、高层钢结构	1/50

2. 建筑抗震设防的三水准及其在分析计算中的落实与基于性能的设计方法

建筑抗震设防的三水准是：小震可用，中震可修，大震不倒。如何将这一目标在具体的分析设计中加以体现呢？《建筑抗震设计规范》（GB 50011）中对于小震（多遇地震）和大震（罕遇地震）是有比较明确的要求。对于小震，结构必须处于弹性工作状态，按结构应力和结构变形进行双重控制，对于结构应力和结构变形的控制目标也有比较明确的要求；对于大震，则必然有部分构件会屈服，这时结构控制的关键是最薄弱部位的变形不能过大，以免结构倒塌，在规范中对最薄弱部位的变形控制有明确的要求。总而言之，规范是按照小震进行设计，并对大震进行变形验算，确保不坍塌，但对于中震设计，却没有比较明确的性能目标要求。

在实际的结构分析过程中，如何满足三水准的要求，仍然有许多工作需要设计方根据工程具体情况来进行深入研究。小震的要求是很明确的，所有的构件和节点都必须处于弹性；在大震状态下，最薄弱部位的变形须满足规范要求，同时对某些关键构件的受力性能控制目标也会提出要求，但哪些构件属于关键构件，其性能控制目标是什么，需要设计方依据工程的具体情况来确定，规范没有具体要求；对于中震，即抗震设防烈度地震，是介于小震和大震之间的一个状态，在中震状态下，可以允许部分次要构件进入屈服状态，但不会对结构造成较大的破坏，经修复后可以继续使用。在中震状态下，对具体构件的性能控制目标，包括应力和变形，规范中均没有具体明确的指标要求，在这种情况下，需要根据工程设计的具体情况来进行研究确定。

以上所述的内容是建立在一种基于性能的设计方法的基础上，要求工程师必须将抗震分析的工作进行得深入而细致，在三水准设防的前提下，明确在各个设防水准下各类构件的性能控制目标，以此为基础进行抗震设计。性能控制目标的确定需要进行大量的反复分析论证工作，定的过高，一方面难以做到，也不利于控制结构造价，过低又无法保证结构安全，确实需要工程师经过深思熟虑，大量地分析论证后确定一个合理的目标。

中央电视台新址工程主楼在抗震设计的过程中，设计方采用了基于性能的设计方法：按小震弹性进行设计，在大震状态下，除了按照规范明确了层间位移和层间延性的要求，对主要的构件都提出了明确的性能控制目标，如转换层为弹性，梁、柱、支撑也都提出了性能控制目标；在中震状态下，则要求柱和转换层均为弹性，对悬臂根部、受力最大部位的构件也要求弹性，同时，对其他构件的抗震性能也提出了明确的要求。各类构件的抗震性能控制目标见表 4-13。表中的性能控制目标是经过了反复的分析计算，专家讨论后确定的。

表 4-13　各类构件的抗震性能控制目标

地震烈度	小震（多遇地震）	中震（设防烈度）	大震（罕遇）
抗震性能	没有破坏	有破坏，但可修补	不可倒塌
允许层间位移	$h/300$	$h/100$	$h/50$
层间延性	<1（弹性）	<2	<4
梁性能	弹性	$\theta_p < 0.01$ 弧度	$\theta_p < 0.04$ 弧度
支撑性能	弹性	悬臂与塔楼连接附近的支撑以及悬臂区域内的外筒支撑弹性，屈服支撑的性能要求：受压缩短 $3 \sim 4\Delta c$；受拉伸长 $4 \sim 5\Delta t$	受压缩短 $7\Delta c$ 受拉伸长 $9\Delta t$
柱性能	弹性	弹性	柱脚不屈服，其他最大变形：压应变 0.02，受拉伸长 $5\Delta t$
转换桁架	弹性	弹性	弹性

注：Δc 为受压屈服时的轴向缩短；Δt 为受拉屈服时的轴向伸长。

上述的性能分析目标是针对央视工程而设定的，并不一定完全适用于其他工程项目，每个项目应根据自己工程的具体情况制订相应的性能分析目标。

3. 结构分析的方法

目前计算机技术和结构分析软件的发展为复杂结构的分析计算提供了可能，也使得复杂结构的设计成为可能。在抗震设计规范中，对结构分析的方法提出了比较明确的要求。如在小震分析中要求采用的底部剪力法、振型分解反应谱法、弹性时程分析法等；在大震分析中要求采用的静力弹塑性方法（Push-Over 分析）、弹塑性时程分析法等。

目前可用于复杂结构的分析软件很多，常用的软件包括 ANSYS、SAP2000、ETABS、ABAQUS、SATWE 等，这些软件在工程中都得到了广泛的应用，并得到业界的认可。但考虑到不同分析软件的特点和局限性，在规范中也明确要求，对于复杂结构应采用不同的软件，建立不少于两个不同的力学模型来进行分析，并对计算结果进行分析比较。这一点，项目管理者应加以注意。

同时规范还要求：计算模型的建立，应进行必要的简化计算与处理，应符合结构的实际工作状况；另外，所有的计算机计算结果，应经过分析判断确认其合理、有效后方可用于工程设计。

4.5　结构的试验工作

对于一些复杂的结构，往往需要进行一些结构试验，结构试验的目的有二：一是为结构的设计提供基本的设计参数；二是对结构分析计算的成果进行验证。有时，一些结构试验兼顾这两方面的功能。从广义的角度来讲，结构试验可以推进结构工程学的进步。

一个工程项目要进行哪些结构试验，是需要根据工程的实际情况来确定的，一般来说包括以下项目：

（1）风洞试验　针对不规则的结构体型，为结构抗风设计提供风荷载的设计参数。

（2）试桩试验　针对采用桩基础的结构，为桩基设计提供基础的设计参数。

（3）结构整体模型的振动台抗震模拟试验　对结构的整体抗震性能进行检验，发现结构抗震的薄弱部位，是对结构抗震分析的检验和补充。

（4）结构的节点试验　对结构设计中采用的新型节点进行试验，以确定其受力性能，为结构受力分析提供基础的设计参数。

（5）结构的构件试验　对结构设计中采用的新型构件进行试验，以确定其受力性能，为结构受力分析提供基础的设计参数。

结构试验需要在初步设计的开始阶段，就应该做出全面的规划，尽快予以安排。结构试验应由结构设计师提出结构试验的技术要求，由业主组织确定结构试验的承担机构。

4.6　结构设计的优化

结构设计的优化是一个比较复杂的问题，项目管理者对是否进行设计优化往往顾虑重重。结构的优化工作做起来会困难一些，但这项工作也是业主在初步设计阶段需要花大力气进行的工作，如果优化效果比较好的话，对节省结构造价非常有效。在初步设计的进行过程中，实际上设计优化的工作一直在进行，如结构选型、结构平、立面的调整、通过性能化设计调整构件的受力、钢结构节点的优化、采用耗能支撑增强结构的抗震性能等。业主在初步设计过程中也会要求设计方积极地进行优化工作。但设计优化的深度往往依赖于设计方的设计水平和设计方在设计优化工程中投入的力量多少，要知道，进行任何一项优化工作都并不容易，需要大量的分析、论证和计算工作，需要大量的时间和精力，业主方需要给设计方足够的时间。那么如何进行设计优化呢，一个比较好的选择是：业主在整个设计过程中，应聘请一些设计经验和施工经验都比较丰富的专家或咨询公司作为工程的顾问，对设计方每一阶段的设计文件进行审核，看看是否存在进一步优化的空间。关键是要请专家提出优化的方向和切入点，这些切入点往往涉及新的专利技术的引入、新的设计思路的开拓，有时甚至需要做一些试验来提供依据。工程顾问最好从设计的开始就介入工程的设计审核工作，避免造成大的设计调改。

中央电视台新址工程主楼的设计过程中，一直在进行结构设计的优化工作，除邀请行业内专家提供优化意见外，还聘请顾问单位提供优化设计的技术支持。如：

（1）桩基设计的优化　邀请中国建筑科学研究院地基所提供了桩基设计的优化意见，采用了桩侧和桩端后压浆的技术，并进行了试桩试验，最终优化结果是有效地减少了桩长，降低了施工难度，并提高了单桩承载力，减少了基础沉降。

（2）节点设计的优化　委托清华大学进行了复杂蝶形节点的受力性能试验，弄清楚了节点的受力特性，根据试验结果对节点设计进行了优化。

（3）高含钢率的 SRC 柱的优化　委托同济大学进行了高含钢率的 SRC 柱的受力性能试验，弄清楚了钢结构与混凝土复合结构的受力性能，并根据试验结果对柱的设计进行了优化。

本章工作手记

本章讨论了钢结构相关高层建筑结构体系结构选型的有关问题。

结构设计的基本设计参数	荷载、地震荷载、设计使用年限、结构安全等级、基础设计等级
结构选型的原则与方法	规则与不规则结构的定义，超限结构
全钢结构	钢框架体系为基础上的几种方法：支撑、墙板、密柱深梁框筒、巨型框架、水平桁架
	钢结构高层实例： 1）上海锦江饭店（支撑芯筒刚臂体系） 2）北京国贸中心大厦一期（筒中筒体系） 3）中央电视台新址工程主楼（钢支撑筒体空间结构体系）
钢-混凝土组合结构	钢-混凝土结构体系设计要点
	混凝土芯筒-钢框架体系的特点
	混凝土芯筒-钢框架体系的衍生体系
	钢-混凝土组合结构实例： 1）上海世贸国际广场 2）上海环球金融中心 3）上海金茂大厦
结构的分析计算	1）荷载与荷载组合 2）结构抗震分析：基于性能的设计方法 3）结构分析的方法
结构的试验工作	试桩试验、结构整体模型的振动台试验、结构节点试验
结构设计的优化	寻找优化的方向和切入点是关键

第 5 章 钢结构的构件及节点设计

 **本章思维导读**

  钢结构的设计最终都要落实到每一个构件及节点的设计上来。构件及节点的设计，既要考虑结构受力的要求，同时也要考虑加工的可行性。本章将要讨论构件及节点的类型、特点、设计原则和方法，以及工程中常用的钢结构节点形式。

5.1 钢结构构件及节点设计的原则及过程

  构件及节点的设计和确定过程并不相同，下面分别来说明。

5.1.1 构件

  构件包括梁、板、柱、支撑、墙等，相对于节点，构件的受力规律性较强。对于钢结构构件，结构工程师的设计过程一般分为以下几步：

  1) 建立计算模型：将每根构件适当简化后，依据实际的空间尺寸和位置搭建起来，建立空间计算模型，赋予每根构件材料性质、参数、截面形式及尺寸，同时，要确定每根构件的边界条件，即构件两端的锚固方式（固接、铰接、还是介于二者之间）。

  2) 确定施加于结构上的荷载及荷载工况：荷载包括恒荷载、使用活荷载、地震荷载、风荷载、雪荷载等所有在结构使用期内可能会施加在结构上的荷载。而荷载工况就是这些荷载同时作用在结构上的组合情况，一个工况对应一种荷载组合情况。

  3) 将荷载施加到计算模型上，求得每根构件在该荷载作用下的内力（弯矩、剪力、轴力）。按荷载工况的组合系数进行构件的内力组合，并求得每根构件在所有工况下的内力包络图。

  4) 选取构件的最不利受力情况进行承载力验算、稳定性验算、变形验算，承受动力荷载的结构还需要进行疲劳验算。

  5) 在上述验算都通过的情况下，钢构件的截面才会确定下来。若验算通不过，就要重新调整构件的截面和材性，重新进行分析和验算。

上述五步是确定构件截面的一般过程，对于钢结构构件来说，还需要考虑构件加工的可行性。

通常情况下，结构工程师在选定钢构件时，首先会考虑型材，如工字钢、槽钢、方钢管、圆钢管、角钢等，或把这些型材组合成格构型构件。

在型材无法满足要求的情况下，结构工程师会考虑加工构件。加工构件是用钢板焊接成各种形式的构件。截面形式也比较复杂，从简单的箱形、工字形到目字形、井字形。钢板厚度也大大增加，常常超过 2cm。在这种情况下，使构件加工的难度大大增加。加工的难度主要在于焊接，不仅焊接的工作量大大增加，而且不合理的截面形式会导致焊接残余应力，以及焊接残余变形，甚至引起厚板沿厚度方向的层状撕裂。

所以对于复杂的加工构件，结构工程师在设计构件时，应充分咨询钢结构加工顾问的意见，在满足构件受力的情况下，充分考虑构件加工的可行性。后面的章节将专门对构件的连接方式：焊接和螺栓连接进行介绍。

5.1.2　节点

钢结构的节点是指构件之间的连接部位，常见的有梁与柱之间的连接节点、主次梁之间的连接节点、柱与基础之间的连接节点等。

节点的设计往往需要通过计算分析和构造要求来共同确定，并遵循一些基本的设计原则：

（1）强柱弱梁　即柱的强度要高于梁，梁需要先于柱而破坏，所以在楼层处，通常会是柱贯通而上，梁再连接到柱子上。因为柱子先破坏的后果更为严重。

（2）强剪弱弯　即受弯破坏要先于受剪破坏，因为剪切破坏多是脆性破坏，比较突然，后果更严重。

（3）强节点弱构件　节点必须要强于构件，使构件的破坏要先于节点，因为节点破坏的后果更严重。

上述三条原则是节点和构件设计时必须要遵守的基本原则。基于上述原则及大量的设计及工程经验，节点设计时形成了许多构造要求，可参见相关规范。

对于一些非常规的节点，仍需要进行专门的分析和试验研究。分析方法往往采用有限元分析方法，建立节点计算模型，进行有限元模拟分析，同时应建立节点试验模型，模拟其受力过程，进行试验研究，以摸清节点的受力规律，为节点的设计提供数据支持。

5.2　构件和节点的连接方式

构件和节点的连接方式主要有两种，一是焊接，二是螺栓连接。采用何种连接方式由结构工程师来确定，连接的方式要与计算模型中采用的构件两端的连接设定，即边界条件相一致。

下面分别对两种连接方式进行介绍。

5.2.1 焊接

1. 焊缝的形式

焊缝按其类型来分，主要分为对接焊缝和角焊缝两类。

（1）对接焊缝　是指在两焊件连接面的间隙内，用熔化的焊条金属填塞，并与焊件熔化部分相结合，形成焊缝，统称为对接焊缝。其连接形式有平接、顶接和角接。根据焊缝的填充情况，又可分为全熔透和部分熔透两种。全熔透焊缝主要用于：要求与母材等强度的焊接连接；框架节点塑性区段的焊接连接。部分熔透焊缝主要用于：次要构件或受力较小部位的连接；传递的应力比焊缝强度设计值小得多的接头，受压构件、箱形截面构件和支座构件的焊接连接。根据受力状态，在同一构件的同一条焊缝中，可以同时采用全熔透焊缝和部分熔透焊缝。全熔透和部分熔透对接焊缝的坡口形式，应根据钢板厚度和施工条件，按现行标准《钢结构焊接规范》（GB 50661）、《气焊、手工电弧焊及气体保护焊焊缝坡口的基本形式和尺寸》（GB 985）或《埋弧焊焊缝坡口的基本形式和尺寸》（GB 986）的规定采用。板边开坡口，对于保证焊缝全截面焊透非常重要，必须符合焊接工艺的要求。同时，对于全熔透焊缝，为了焊满和焊透，应设置焊接衬板和引弧板。典型对接焊缝的形式和坡口如图 5-1所示。

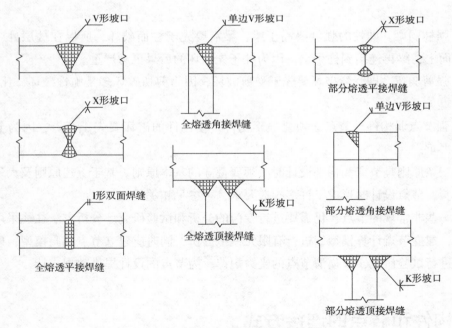

图 5-1　典型对接焊缝的形式和坡口

（2）角焊缝　或称为贴角焊缝，用于传递剪力。角焊缝的形式主要有直角角焊缝和斜角角焊缝两种。直角角焊缝一般用于钢构件的搭接连接或 T 形连接，使用比较广泛。斜角角焊缝主要用于钢管结构，不宜作受力焊缝。角焊缝的截面形式如图 5-2 所示。

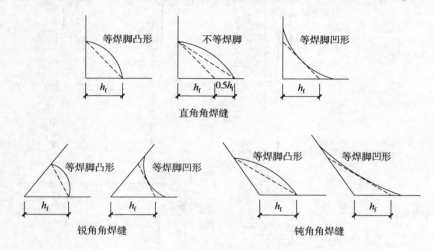

图 5-2　角焊缝的截面形式

2. 施焊方位及其对焊接质量的影响

施焊方位主要分为平焊、立焊、横焊及仰焊四种形式。平焊操作容易，质量最容易保证；横焊的操作条件较差；立焊则金属容易向下流淌，操作较困难；仰焊的操作最为困难，不易保证质量，不能用于重要的受力焊缝。

在焊缝的设计中，应根据焊缝的重要性、焊缝受力状态和拼装条件，来选择焊接的方位。应尽量选择平焊或横焊的位置。

3. 焊缝设计应注意的问题及相应的技术措施

焊缝的设计首要考虑的是焊缝的力学性能满足结构的受力要求。同时，从焊接的构造要求来看，应减少焊接的收缩应力，避免应力集中，防止过大的焊接变形，为焊接创造良好的操作条件。对于厚板（$t \geqslant 20 \text{mm}$）的焊接，尤其要注意防止钢板沿板件厚度方向的层状撕裂。为满足以上的各项要求，焊缝设计时应注意以下各项技术措施：

1）焊缝的布置应对称于构件截面的中和轴。

2）采用刚性较小的接头形式，避免焊缝密集和三向焊缝相交，以减少焊接应力和应力集中。

3）尽量减少焊缝的数量和尺寸，焊缝长度和焊脚尺寸应按计算确定，不得任意加大。

4）对于较厚的钢板（$t \geqslant 20 \text{mm}$），在 T 形连接、角部连接和十字形连接处，应采取如下的避免钢板层状撕裂的措施：

①避免拉力作用于焊件的厚度方向。

②若焊件必须沿板厚方向受力时，应选用厚度方向性能钢板，按照相关标准，有 Z15、Z25 和 Z35 三个等级的厚度方向性能钢板可供选择。

③把容易发生层状撕裂部位的接头，设计成约束程度弱，能减轻层状撕裂的构造形式，如图 5-3 所示。

④采用低氢型、超低氢型焊条或气体保护电弧焊施焊。

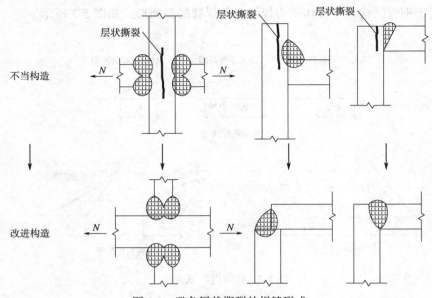

图 5-3　避免层状撕裂的焊缝形式

⑤焊接前，对母材焊道中心线两侧各 2 倍板厚加 30mm 的区域内，进行超声波探伤检查，确认该范围内母材中无裂纹、夹层或分层等缺陷存在。

⑥根据母材的碳当量或焊接裂纹敏感系数，选择适当的预热温度和必要的后热处理。

5.2.2　高强度螺栓连接

高强度螺栓连接根据其受力特性，分为摩擦型连接和承压型连接两种。

1. 摩擦型高强度螺栓连接

摩擦型高强度螺栓连接是利用高强度螺栓的预拉力，使被连接钢板的层间产生抗滑力（摩擦阻力），以传递剪力的连接方式。在荷载设计值作用下，连接件之间产生相对滑移时的临界状态，作为摩擦型连接的承载能力极限状态和正常使用极限状态。摩擦型连接的节点，变形小，在使用荷载作用下不会产生滑移，能够承受连接处的应力交变和应力急剧变化，适用于重要结构、承受动力荷载的结构，以及可能出现反向拉力的构件连接。

摩擦型高强度螺栓最主要的性能指标是摩擦面的抗滑移系数 μ 值，μ 值与构件摩擦面的处理方法和钢材的强度有关，见表 5-1。

表 5-1　摩擦面抗滑移系数 μ 值

摩擦型连接处构件接触面的处理方法	构件的钢号		
	Q235	Q355、Q390	Q420
喷砂（喷丸）	0.45	0.50	0.50
喷砂（丸）后涂无机富锌漆	0.35	0.40	0.40
喷砂（丸）后生赤锈	0.45	0.50	0.50
用钢丝刷清除浮锈或未经处理的干净轧制表面	0.30	0.35	0.40

摩擦型螺栓连接的设计过程中，应根据所需的抗滑移系数 μ 值，确定构件摩擦面的表面处理方式。

摩擦型高强度螺栓分为 8.8S 及 10.9S 共两个性能等级，每个等级根据螺栓公称直径的不同，又分为 M16、M20、M22、M24、M27、M30 几个等级，可根据螺栓连接受力的需要来选用。

2. 承压型高强度螺栓连接

承压型高强度螺栓连接是指以高强度螺栓的螺杆抗剪强度或被连接钢板的螺栓孔壁抗压强度来传递剪力，故又称剪压型连接。其制孔及预拉力施加等要求，均与摩擦型螺栓的做法相同，但杆件连接处的板件接触面仅需清除油污及浮锈。在荷载设计值作用下，螺栓或被连接钢板达到最大承载能力，作为承压型连接的承载能力极限状态。在荷载标准值作用下，被连接钢板间产生相对滑移，作为承压型连接的正常使用极限状态。承压型连接在受荷时，变形要大于摩擦型连接，抗压、抗剪性能较差，所以只能用于：高层建筑中的次要构件；承受静力荷载的构件；间接承受动力荷载，但无反向受力状态的构件。不得用于：直接承受动力荷载的构件；承受反复荷载作用的构件及抗震设防的结构。承压型连接在高层建筑中的使用远没有摩擦型连接的使用广泛。

承压型高强度螺栓与摩擦型高强度螺栓一样，也分为 8.8S 及 10.9S 共两个性能等级，每个等级根据螺栓公称直径的不同，又分为 M16、M20、M22、M24、M27、M30 几个等级，可根据螺栓连接受力的需要来选用。

5.2.3 栓焊混合连接

栓焊混合连接是指摩擦型高强度螺栓与焊接的混合连接。混合连接施工时，一般应采用先栓后焊的顺序。混合连接不能用于需要验算疲劳的连接，且设计时应注意，焊缝的破坏强度应高于摩擦型连接的抗滑移极限强度，并使其比值控制在 1.0~3.0。

5.3 钢结构的典型节点

5.3.1 梁与柱的连接节点

梁与柱的连接节点主要分为柱贯通型或梁贯通型，以柱贯通型为主。当主梁采用箱形截面时，梁-柱节点宜采用梁贯通型节点。

节点根据其受力要求的不同，可分为刚接节点、半刚接节点和铰接节点三类。

1. 刚接节点

刚接节点的连接方式也可以分为三类，全焊连接、全栓连接和栓焊连接。

（1）全焊连接是指将钢梁的翼缘和腹板与钢柱的连接全部采用焊缝连接。它通常用于框架节点处悬臂梁段与柱的连接。全焊连接适用于工厂的杆件组装，不宜用于工地的杆件组装。

（2）全栓连接是指钢梁通过端板与钢柱采用摩擦型高强度螺栓连接，或利用 T 形连接件与钢柱连接。全栓连接的费用较高，仅在必要时采用。

（3）栓焊连接是指钢梁的翼缘与柱焊接，梁的腹板与焊于柱上的连接板采用高强度摩擦性螺栓连接。这种节点由翼缘焊缝抗弯，腹板螺栓连接抗剪。这种梁-柱的节点连接方式，在工地现场得到了广泛的使用。施工顺序是先用螺栓将腹板安装就位，然后再焊接翼缘。栓焊连接的典型节点如图 5-4 所示。

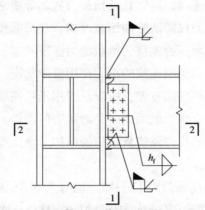

框架梁与工字形截面柱的栓焊混合刚性连接典型节点

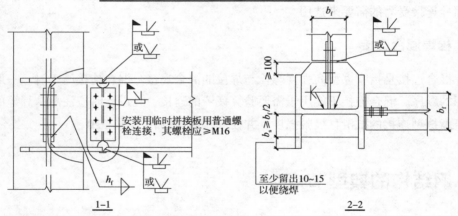

注：有三角旗的焊缝为工地现场焊缝，否则为工厂焊缝。

图 5-4　梁与柱的栓焊连接的典型节点

2. 半刚接节点

在非地震区的高层建筑钢框架，主梁与柱可采用半刚性连接，即容许节点有一定的变形，如图 5-5 所示。

3. 铰接节点

梁-柱的铰接节点采用螺栓连接，在柱上焊接连接板，然后利用高强螺栓（摩擦型或承压型）将梁的腹板和连接板连接，连接板的厚度不应小于梁腹板的厚度，连接螺栓不应少于 3 个，如图 5-6 所示。

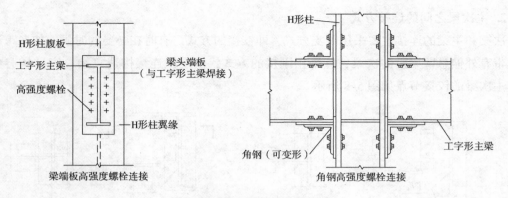

图 5-5　梁与柱的半刚性连接节点

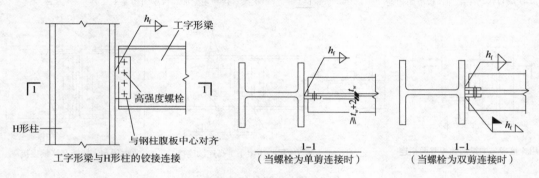

图 5-6　梁与柱的铰接节点

5.3.2　梁与梁的连接节点

梁与梁的连接节点形式分为三类：全焊连接、栓焊混合连接和全栓连接。在高层建筑钢结构中，栓焊混合连接是使用最多的连接方式。

1. 主梁之间的栓焊混合连接

主梁的连接，主要用于主梁与柱上悬臂梁段的工地拼接，连接方式可以是全栓连接、全焊连接和栓焊混合连接。工地上主要采用栓焊混合连接，连接节点如图 5-7 所示。

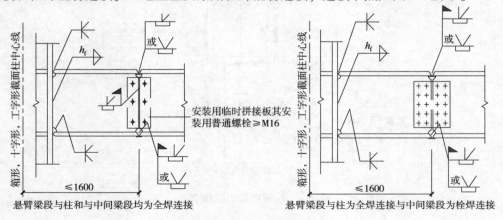

图 5-7　梁与梁的栓焊混合连接节点

2. 主次梁之间的连接方式

次梁和主梁的连接主要采用简支方式，即铰接的方式。有时在必要的时候，如多跨连续梁，带有外伸悬臂梁段的次梁，应采用刚接的方式，但刚性连接构造复杂，应尽量避免采用。主次梁的铰接节点如图 5-8 所示。

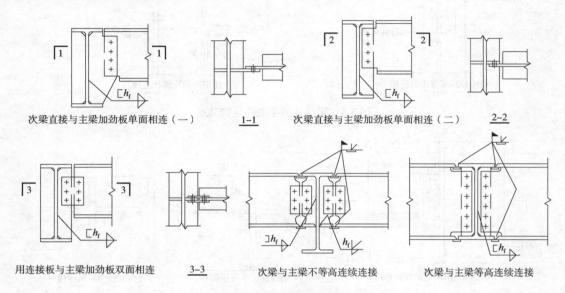

图 5-8　主次梁的铰接节点

3. 关于隅撑

抗震设防框架，在出现塑性铰的部位，为防止框架梁的侧向屈曲，应在梁的一侧水平设置隅撑。一般框架，隅撑仅需在互相垂直的主梁下翼缘处设置。偏心支撑框架，主梁的上下翼缘均需设置隅撑。但仅能在梁的一侧设置，以免影响消能梁段竖向塑性变形的发展。抗震框架的隅撑节点如图 5-9 所示。

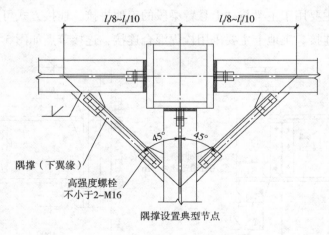

图 5-9　抗震框架的隅撑节点

5.3.3　柱与柱的连接节点

钢柱的工地接头应按照等强度原则来考虑。对于非抗震设防结构，当柱拼接处的内力不大时，柱翼缘的拼接，应按等强度设计，而柱腹板的拼接，可按不低于强度一半的内力设计。

钢柱的工地接头，宜位于主梁顶面以上 1.0 ~ 1.3m 处，并应采取预先焊在柱上的安装耳板作为临时固定和定位校正。耳板的厚度应根据阵风和施工荷载来确定，且不得小于10mm。耳板应设置于柱的翼缘的两侧；对于箱形柱，为方便工地施焊，耳板仅在柱的一个边的两侧设置，对于大截面柱，有时也在相邻的相互垂直的柱面上安装耳板。待柱焊接好后，用火焰将耳板切除。

柱的接头连接方式仍然有三种：焊接，栓焊混合连接和全栓连接。全栓连接使用较少，只在某些特殊情况下使用。不同的柱形式可采用不同的柱连接方式。

（1）对于 H 形柱　连接接头通常采用栓焊混合连接。柱的腹板采用高强螺栓连接，柱的翼缘采用全熔透或半熔透对接焊缝。对于抗震设防框架，应采用全熔透焊缝。H 形柱的工地拼接节点如图 5-10 所示。

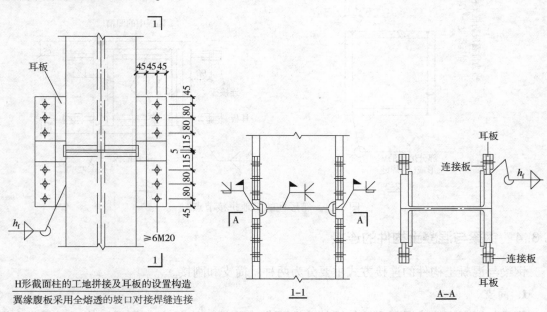

H形截面柱的工地拼接及耳板的设置构造
翼缘腹板采用全熔透的坡口对接焊缝连接

图 5-10　H 形柱的工地拼接节点

（2）箱形柱的对接接头　工地接头应全部采用焊接。抗震设防框架的对接接头应全部采用全熔透焊缝。非抗震设防框架可根据受力情况适当采用部分熔透焊缝。另外在接头处，上、下节柱均应设置横隔板。箱形柱的工地拼接节点如图 5-11 所示。

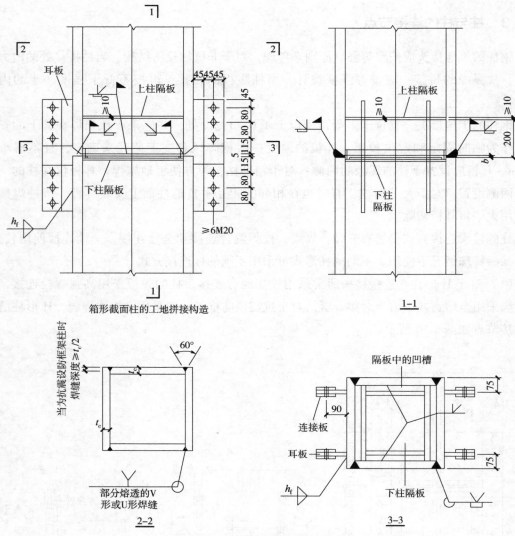

图 5-11　箱形柱的工地拼接节点

5.3.4　钢梁与混凝土构件的连接

钢梁与混凝土构件的连接方式主要分为两种：简支和刚接。

1. 简支

钢梁与混凝土墙或混凝土柱的连接多采用简支连接，如图 5-12 所示。施工时需先在混凝土构件内留置预埋件。安装钢梁前，先将抗剪件焊接在预埋钢板上，再通过高强度螺栓将钢梁与抗剪件连接。

2. 刚接

沿墙体的长度方向，钢梁插入混凝土墙内，实现刚接，且插入长度不宜小于 2m，以便将梁的固端反力均匀地传递至墙身。插入墙内的梁段的上下翼缘均应焊接栓钉，以保证钢梁和混凝土的可靠连接。

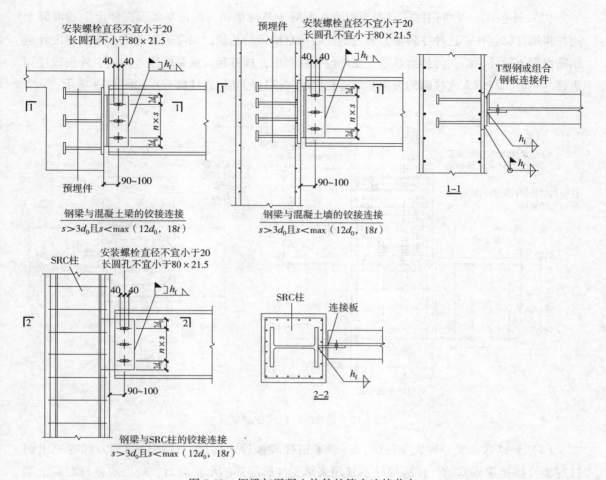

图 5-12　钢梁与混凝土构件的简支连接节点

5.3.5　钢柱的柱脚节点

对于高层钢结构建筑，钢柱的柱脚节点形式主要有三种：埋入式、外包式、外露式。埋入式和外包式是刚性连接。外露式属于铰接。对于单层钢结构厂房，常采用一种插入式柱脚，即将钢柱脚插入到混凝土基础杯口内，并用混凝土二次浇灌固定。这种形式不适用于高层钢结构建筑。

高层钢结构建筑柱脚主要采用埋入式和外包式，埋入式的受力性能更好。《建筑抗震设计规范》（GB 50011）第 8.3.8 条规定：钢结构的刚接柱脚宜采用埋入式，也可采用外包式；6、7 度且高度不超过 50m 时也可采用外露式。

（1）埋入式　将钢柱底端直接埋入混凝土基础底板、梁或地下室墙体内的一种柱脚。这种形式的柱脚中，栓钉所起的作用不大，内力的传递主要依靠混凝土对钢柱翼缘的侧向承压力所产生的抵抗矩来承担。埋入式柱脚的埋深，对于轻型工字形柱，不得小于钢柱截面高度的二倍；对于大截面的宽翼缘 H 型钢柱和箱形截面柱，不得小于钢柱截面高度的三倍。

（2）**外包式** 是将钢柱柱脚底板搁置在混凝土基础顶面，再由基础顶面伸出钢筋混凝土短柱将钢柱脚包住。这种柱脚轴力通过钢柱底板直接传给基础；而弯矩和剪力，则全部由外包钢筋混凝土短柱承担，再传给基础。在外包式柱脚中，栓钉起着重要的传力作用。外包式柱脚短柱的高度，与埋入式柱脚的埋深要求是相同的。钢柱的外包式柱脚节点如图 5-13 所示。

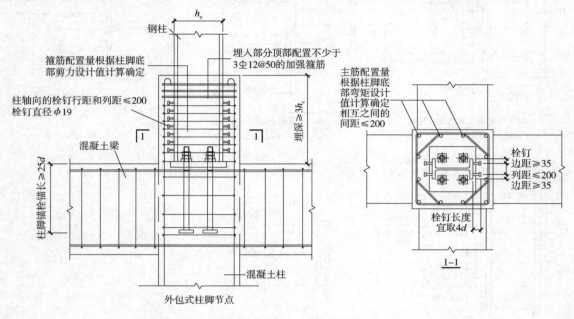

图 5-13　钢柱的外包式柱脚节点

（3）**外露式** 是一种铰接柱脚，一般采用柱脚锚栓来固定。柱脚处的轴力和弯矩由钢柱底板直接传递到基础。柱脚锚栓不宜用来承受柱脚底部的水平剪力，应由底板与混凝土基础间的摩擦力来传递。当水平剪力超过摩擦力时，应在底板下加焊抗剪挡板（抗剪键）或改用外包式柱脚。柱脚底板地面与基础顶面之间的垫层，应采用不低于 C40 无收缩细石混凝土或铁屑砂浆进行二次浇灌密实。钢柱的外露式柱脚节点如图 5-14 所示。

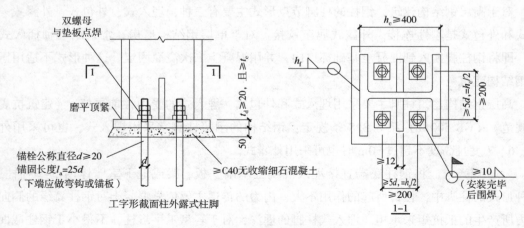

图 5-14　钢柱的外露式柱脚节点

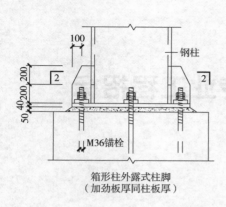
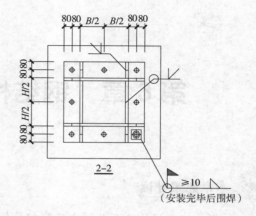

箱形柱外露式柱脚
（加劲板厚同柱板厚）

（安装完毕后围焊）

图 5-14　钢柱的外露式柱脚节点（续）

本章工作手记

本章讲述钢结构构件和节点设计的过程、原则和方法，以及构件和节点的连接方式，并给出了各类连接节点的实例。

钢结构构件及节点设计的原则及过程	构件	构件设计的过程及构件加工的可行性
	节点	节点设计的三原则；非常规节点要经计算分析及试验研究确定
构件及节点的连接方式	焊接	焊接的有关概念；如何保证焊接的质量及有关技术措施
	螺栓连接	摩擦型高强度螺栓连接及承压型高强度螺栓连接
钢结构的典型节点		梁与柱的连接节点；梁与梁的连接节点；柱与柱的连接节点；钢梁与混凝土构件的连接；钢柱的柱脚节点

第6章 钢结构专业工程招标

 **本章思维导读**

　　钢结构工程的施工必须由具有钢结构专业承包资质的施工企业来承担。本章将围绕钢结构施工企业招标的有关问题进行讨论，包括招标的策略、招标的准备工作、招标文件的编制等。

6.1 招标策略及标段划分

6.1.1 招标策略

　　钢结构的工程范围包括钢材的采购及供应、钢结构深化设计及加工、钢结构现场安装三部分，在实际工程中，钢材采购及供应、深化设计及加工，往往由钢结构加工厂家来承担，钢结构现场安装则由钢结构安装企业来承担。这种分工既符合专业化分工的要求，也是市场运行的自然选择。但从项目管理的角度来说，这三部分内容密不可分，钢结构加工要为安装服务，安装又依赖于加工，在这种情况下，必须由一个单一的责任主体来承担，并统一协调管理钢结构工程项下的所有工作内容。这个责任主体最合理的选择就是工程总承包商。

　　所以在工程总承包商招标时，要将钢结构工程和其他的结构工程，如基础工程等一起纳入总承包商的工作范围，由总承包商来统一协调管理，这对保证结构工程的质量和顺利开展都最有利。

　　在这种情况下，建设单位通常会有疑虑，如何保证钢材的质量？如何保证总承包商选择的加工和安装分包商的履约能力？

　　面对这些疑虑，通常有以下几种应对措施：

　　1）从自身来说，招标文件中技术标准要明确，尤其是钢材的技术要求；设计文件要完备、合理，这样承包商可以操作的空间就小。

　　2）对于钢材供应，除了技术标准要明确外，可以经过充分的考察后，列出一个短名单，短名单内的钢材生产企业要质量、信誉可靠，生产能力可以满足工程需求，要求总承包商在短名单的范围内采购钢材。

3）对于钢结构加工和安装的分包商，可以提出资质要求、同类工程经验的要求，必要时也可以在充分考察后，列出一个短名单，要求总承包商在短名单的范围内选择分包商。

4）更直接的方法是，业主和钢材生产厂家、钢结构加工和安装分包商分别谈好合同价格及主要合同条款，由总承包商和钢材供应商、加工和安装分包商签订合同，总承包商收取管理费，并统一协调管理。这种方式对业主的专业能力要求较高，且工作量较大，一般业主很难胜任，要慎用这种方式。

6.1.2　标段划分

标段划分的原则是：便于管理，有利于招标竞争，易划清责任界限，按整体单项工程或者分区分段来划分标段，把施工作业内容和施工技术相近的工程项目合在一个标段中等。

进行标段划分主要是基于以下的原因：一是工程的规模很大，市场上能够独立承担的承包商很少，甚至少于三家，不足以形成招标竞争；二是工程各部分的施工作业内容和施工技术相差较大，必须由不同的专业承包商来施工；三是为了便于管理，在现场引入竞争机制，加快施工进度，降低风险，平衡各方面的关系等，把工程划分为多个标段。

在标段划分的过程中，最需关注的一点是对各标段之间接口的划分，一定要界限清楚，责任明确，接口最少且技术上易于处理。对于一些实体上相对独立的标段，如一个工程由多栋单体建筑组成，则标段划分可以按单体建筑来划分，接口问题不是很明显。但如果是将一个建筑的不同部分划分为不同的标段，则需要格外注意接口问题。一个失败的例子是，某高层建筑，为钢框架结构，业主将钢柱作为一个标段，钢梁作为一个标段，由两家不同的公司来加工，人为造成大量的接口，在现场安装的工程中，出现大量的柱子与梁无法装配到一起的问题。

有时接口是难以避免的，但必须有相应的技术措施进行处理，如中央电视台新址工程，由两个塔楼，分别称为塔楼 1 和塔楼 2，以及一个空中的悬臂部分组成。由于钢结构加工量很大，达到 10 万 t 以上，工期紧，没有一个钢结构加工单位能够按时独立完成，则将钢结构加工分成两个标段，塔楼 1 是一个标段，由江苏沪宁钢机进行加工，塔楼 2 及悬臂部分是另一个标段，由上海冠达尔钢结构公司加工。在塔楼 1 与悬臂的相交部位，是工程的接口。为了保证钢结构在高处安装的一次性成功，所有接口部位的钢构件，在加工场均进行了预拼装，保证了现场安装的一次成功。

6.2　招标的准备工作

按照我国基本建设项目的建设程序，拟建的工程项目进行招标的前提条件是必须先完成工程初步设计和工程设计概算，并按国家有关规定履行项目审批手续取得批准。在此基础上进行拟建工程项目的招标准备工作。招标准备工作包括编制招标要点报告、施工规划、合同概算、资格预审文件（如有）、招标文件和标底。

6.2.1　招标要点报告

招标要点报告是在工程初步设计的基础上，通过广泛的社会和经济调研，编制而成，经招标人批准后，依此作为招标的基本条件和依据。招标要点报告主要包括以下内容：

1）明确工程项目建设资金的来源、额度和使用范围，以便主管部门、项目法人和投标人等单位做出决策。

2）建筑材料和工程永久设备的供应渠道、采购方式、价格水平和调价方式等。

3）确定工程标段划分方案和合同网络：工程标段划分是依据工程初步设计和施工规划，进行划分方案的优劣比较，确定最终方案。并将各标段业主、总包分包及分包之间的合同关系绘制成合同网络图。

4）货物运输：依据工程地理位置、工程特点和性质、货物的种类和运输条件等确定其运输方式，包括海运、水运、公路和铁路运输等。

5）劳务来源、提供方式以及劳务价格水平和调价方式等。

6）招标人将为投标人可能提供的条件，主要包括施工现场的三通一平、地下障碍物资料的准备、现场基准桩的设立等。

7）税收和保险：主要包括调查和研究省级政府以上的税收政策，确定税收种类和费率，如海关税、增值税、所得税、车船使用牌照税和养路费、印花税等；确定保险的种类和费率，确定承包人必保的项目或者发包人投保的项目。一般情况的保险种类有：工程险一切险、第三者责任险、承包人装备保险和施工人员的人身保险等。依据税收和保险作为编制合同概算和招标文件的基础。

8）投标人主要资格条件的确认，施工企业资质要求、经验和业绩要求、专项施工能力的要求、人员的要求、机具设备及财务状况的要求等。

9）确定招标方式：是采用公开招标还是邀请招标，由招标人自行确定。如果采用公开招标的话，是否进行资格预审，如不进行资格预审的话，应安排进行资格后审，即在开标后进行资格后审。

10）合同类型和合同文本的选择：目前国内外工程建设项目主要采用单价合同的形式，也有一部分采用总价合同的形式。对于合同文本，可以采用国际通用的 FIDIC 编制的《FID-IC 土木工程施工合同条件》，或者是我国工商行政管理部门和住建部联合颁发的《建设工程施工合同（示范文本）》。

6.2.2　编制施工规划

施工规划是指对合同项目实施的施工方案、施工方法、施工计划等组织设计。相当于施工图设计阶段的施工组织设计，是在工程招标要点报告所确定的基本原则和条件基础上，按已确定的标段划分方案和合同网络，进行施工规划。编制施工规划的目的一是可以及时将施工方面的要求反映到施工图设计中去，同时为施工招标、编制工程预算提供一些依据，并有利于对涉及现场施工的各项事宜提前予以安排。但由于这一阶段承包商尚未招标到位，业主应组织设计方或聘请专业的施工顾问，及业主自身的专业技术人员编制施工规划。施工规划应包括的内容如下：

1) 工程概况和工程规模。
2) 施工组织机构和人员编制的初步规划。
3) 各单项工程的施工方案和施工方法。
4) 对各单项工作施工进度、各阶段控制性工期和工程总进度的安排。
5) 对特殊工程项目的实施和要求。
6) 大型临时设施和生活辅助设施的布置、规模、建设和投产使用计划。
7) 单项工程施工布置和施工总平面布置。
8) 本合同工程和各单项工程劳务使用计划。
9) 工程建筑材料和永久设备使用计划。
10) 施工设备类型和施工设备清单，以及各种施工设备生产效率的确定。
11) 各单项工程、分部分项工程工程量表和本合同工程量汇总表。
12) 附图，主要包括工程总体布置图、主要建筑物布置和结构图、施工总平面布置图等。

6.2.3　编制合同概算

编制合同概算是工程招标的重要准备工作之一。工程项目要以合同（或称标）为单位编制各合同的工程概算，以便招标人、贷款单位和主管部门评估投资和贷款效益、审批贷款额度，为批准贷款等提供技术和经济依据。合同概算既是国际上统称的工程概算，也是编制工程标底的基础。

6.2.4　编制招标文件

招标文件通常包括以下几项内容：
1) 投标邀请书。
2) 投标须知及投标须知前附表。
3) 投标文件格式。
4) 合同协议书。
5) 合同通用条件。
6) 合同专用条件（履约保函、工程质量保修书、保留金保函、预付款保函、分包合同条件等）。
7) 工程规范（技术规格书及措施项目等）。

8）投标函及投标书附录。

9）工程量清单。

10）招标图样。

其中，第7）、10）项为技术要求，其他均为商务条件。技术要求一般由设计方来完成，而商务条件一般由招标代理机构和造价顾问编制而成。钢结构工程量清单的编制将在6.4节重点说明。

6.2.5 标底和拦标价

目前施工招标中，存在三种方式，设标底招标、无标底招标和设招标控制价招标。标底是比较成熟的概念，在工程中也已经得到了广泛的使用。而招标控制价是较新的概念，招标控制价也称拦标价、预算控制价，《建设工程工程量清单计价规范》（GB 50500）要求，国有资金投标的建设工程招标，招标人必须编制招标控制价。招标控制价应由具有编制能力的招标人或受其委托具有相应资质的工程造价咨询人编制和复核。招标人应在发布招标文件时公布招标控制价，同时，应将招标控制价及有关资料报送工程所在地或有该工程管辖权的行业管理部门工程造价管理机构备查。

6.3 对钢结构建筑市场的调研

在钢结构工程招标之前，对钢结构建筑市场进行调研，对潜在的投标人进行实地考察，是保证招标成功的必要手段。

根据住建部颁布的现行《建筑企业资质管理规定》，将建筑业企业资质分为施工总承包、专业承包和劳务分包三个序列。施工总承包是指对工程实行施工全过程承包或主体工程施工承包的建筑业企业，施工总承包序列企业资质设特级、一、二、三共四个等级。专业承包企业是指具有专业化的施工技术能力，主要在专业分包市场上承接专业施工任务的建筑业企业。钢结构即属于专业承包系列，分为一、二、三共三个等级。每一个等级的专业承包企业可承担的工程范围如下：

（1）一级资质 可承担下列钢结构工程的施工：

1）钢结构高度60m以上。

2）钢结构单跨跨度30m以上。

3）网壳、网架结构短边边跨跨度50m以上。

4）单体钢结构工程钢结构总重量4000t以上。

5）单体建筑面积30000m² 以上。

（2）二级资质 可承担下列钢结构工程的施工：

1）钢结构高度100m以下。

2）钢结构单跨跨度 36m 以下。

3）网壳、网架结构短边边跨跨度 75m 以下。

4）单体钢结构工程钢结构总重量 6000t 以下。

5）单体建筑面积 35000m² 以下。

（3）三级资质 可承担下列钢结构工程的施工：

1）钢结构高度 60m 以下。

2）钢结构单跨跨度 30m 以下。

3）网壳、网架结构短边边跨跨度 33m 以下。

4）单体钢结构工程钢结构总重量 3000t 以下。

5）单体建筑面积 15000m² 以下。

注：钢结构工程是指建筑物或构筑物的主体承重梁、柱等均使用以钢为主要材料，并工厂制作、现场安装的方式完成的建筑工程。

但住建部制定的钢结构专业承包等级划分并未将钢结构的加工和安装分开。实际情况是：钢结构加工和安装企业是分离的，钢结构专业承包企业取得项目后，一般仍须将钢结构加工分包给加工企业。为了对钢结构加工企业的资质进行划分，以便于管理，中国钢结构协会于 2005 年 8 月 1 日编制发布了《中国钢结构制造企业资质管理规定（暂行）》，将钢结构制造企业分为特级、一级、二级、三级共四个等级，不同等级的钢结构制造企业承担不同范围的钢结构加工制作任务：

（1）钢结构制造特级企业 可承揽相应行业所有钢结构的制造任务。业务范围包括高层、大跨房屋建筑钢结构、大跨度钢结构桥梁结构、高耸塔桅、大型锅炉刚架、海洋工程钢结构、容器、管道、通廊、烟囱、重型机械设备及成套装备等。

（2）钢结构制造一级企业 可承揽相应行业重点钢结构的制造任务。业务范围包括高层、大跨房屋建筑钢结构、大跨度钢结构桥梁结构、高耸塔桅、大型锅炉刚架、海洋工程钢结构、容器、管道、通廊、烟囱等构筑物。

（3）钢结构制造二级企业 可承揽一般钢结构制造任务。业务范围包括高度 100m 以下，跨度 36m 以下，总重量 1200t 以下的桁架结构和边长 80m 以下，总重量 350t 以下的网架结构，中跨桥梁（20m 以下）钢结构和一般塔桅（100m 以下）钢结构等。

（4）钢结构制造三级企业 可承揽一般轻型钢结构的加工制作任务。业务范围包括高度 50m 以下，跨度 24m 以下，总重量 600t 以下桁架结构，边长 40m 以下，总重量 120t 以下网架钢结构、压型金属板及其他轻型钢结构加工制作任务。

注：从事锅炉、压力容器、输电铁塔、电梯、起重机等同时应具有国家有关部门批准的生产许可、安全证书等。

在正式招标之前，对钢结构加工及安装企业进行实地考察是非常必要的，对钢结构加工厂的考察主要内容见表 6-1。

表 6-1   对钢结构加工厂的考察主要内容

序号	考察项目	说明
1	深化设计能力	设计人员数量和技术能力、设计水平、软件水平
2	加工能力	年加工能力是多少吨、加工的长处、任务是否饱满，是否还有余力来承担新的任务
3	焊接能力	持证焊工的数量、焊接设备的种类和数量
4	检测能力	检验试验室的资质，无损检测的能力，检测设备的情况
5	吊装能力	吊装设备的吨位能力和数量
6	钢材的采购能力	钢材采购的渠道和经验
7	同类工程的经验	类似工程的加工经验和业内的评价

对钢结构的安装企业，则着重考察其工程业绩，尤其是同类工程的安装经验。

6.4   钢结构工程量清单的编制

1. 单位工程造价的构成

根据《建设工程工程量清单计价规范》（GB 50500），单位工程造价的构成见表 6-2。

表 6-2   单位工程造价的构成

	费用分类	费用构成	说明
单位工程造价	分部分项工程费	人工费、材料费、施工机械使用费、管理费、利润、风险费	采用综合单价
	技术措施费	为完成工程项目施工，发生于该工程施工准备和施工过程中技术、生活、安全、文明施工等方面的非工程实体项目	措施项目中可以计算工程量的项目清单宜采用分部分项工程量清单的方式编制；不能计算工程量的项目清单，以"项"为计量单位
	其他项目费	暂列金额、暂估价（材料、专业工程）、计日工、总承包服务费	
	规费	工程排污费、工程定额测定费、社会保障费、住房公积金、危险作业意外保险	
	税金	营业税、城市维护建设税、教育费附加	

使用国有资金投资的建设工程发承包，必须采用工程量清单计价。非国有资金投资的建设工程宜采用工程量清单计价。不采用工程量清单计价的建设工程应执行规范除工程量清单等专门性规定外的其他规定。工程量清单应采用综合单价计价。措施项目中的安全文明施工费，必须按国家或省级行业建设主管部门的规定计算，不得作为竞争性费用。规费和税金必须按国家或省级行业建设主管部门的规定计算，不得作为竞争性费用。

招标工程量清单应由具有编制能力的招标人，或受其委托、具有相应资质的工程造价咨询人编制。招标工程量清单必须作为招标文件的组成部分，其准确性和完整性应由招标人负责。招标工程量清单是工程量清单计价的基础，应作为编制招标控制价、投标报价、计算或调整工程量、索赔等的依据之一。

2. 分部分项工程量清单

分部分项工程量清单是反映工程实体内容的清单，依据工程设计文件而编制，相对于措施项目清单和其他项目清单而言，只有分部分项工程量清单的数量是确定的，不会因施工方案和施工单位的不同而不同。投标企业针对每个清单项目填报综合单价。综合单价是竞争性的，需要每个企业结合企业自身定额及施工方案自主确定人工、材料消耗和机械摊销；根据自身对材料设备等资源的采购优势和储备能力确定材料、设备价格；根据企业自身的经营状况和管理水平确定间接费和利润等。

表 6-3 为钢结构工程的分部分项工程量清单实例。

表 6-3　钢结构工程的分部分项工程量清单实例

序号	项目编码	项目名称	项目特征描述	计量单位	工程量	金额	
						综合单价	合价
1	010603001001	实腹柱	Q355，FH 400×400×35×35	t	5.061	12511.08	
2	010603001002	实腹柱	Q355，H 400×400×13×21	t	20.911	10935.21	
3	010603002001	空腹柱	Q355，BOX 500×500×30×30	t	132.652	12083.87	
4	010603002002	空腹柱	Q355，BOX 750×750×50×50	t	146.32	13564.34	
5	010604001001	钢梁 A	Q355，H 396×199×7×11	t	2346.24	10873.12	
6	010604001001	钢梁 K	Q355，H 900×350×25×35	t	653.55	11567.54	
7	010605001001	零星工程 1	按规定及批准深化设计、供应及加工、安装以及拆除所有临时钢构件工程，包括所有施工期间钢结构临时支撑、支架及因安装钢构件所需的临时支护及承重配件	项			
8	010605001002	零星工程 2	按规定及经批准深化设计、供应、加工及安装金属构件与金属结构之间的连接件，及金属结构件与混凝土结构之间的连接件，包括底板、节点板、加劲板、拉条、楔子、托座、紧固件、螺母和垫圈、螺栓、钢筋与金属结构件的连接器及一切所需辅材及工作	项			
9							
本页小计							
合计							

在分部分项工程量清单中，承包商承担价格的风险，而业主则需承担量的风险。最终的分部分项工程造价将依据最终实际发生的工程量来结算。减少业主工程量计算风险的关键是设计文件的深度和完备程度，这也是业主在造价控制中的重点工作。

对于钢结构工程来说，其施工图样是分施工图和施工详图两个阶段来进行的。施工图由设计单位来完成，其深度应满足编制施工详图和进行招标的要求，而施工详图一般由钢结构加工制作单位完成，满足钢结构加工和安装的需要。施工详图相比较于施工图，必然会产生较大的工程量变化，如连接件、节点板、紧固件、螺栓、螺母和垫圈、钢筋连接器、与混凝土结构连接的预埋钢件等，尤其是节点的深化设计，会导致节点用钢量较大幅度地增加。但这些增加的工程量很难计量，如表6-3中清单项目010605001001、010605001002，建议以项为单位，由承包商来填报，并不再调整，有利于控制造价。

3. 技术措施项目清单

技术措施项目可以计算工程量的项目清单，宜采用分部分项工程量清单的方式编制；不能计算工程量的项目清单，以"项"为计量单位。

其他常规性的招标工作内容，如资格预审、评标、合同方式、合同文本、合同谈判等，因与钢结构关系不大，不再赘述。

本章工作手记

本章讨论了钢结构工程招标的几个主要问题。

招标策略及标段划分	招标策略：工程总承包制下的质量控制策略
	标段划分的原则及策略
招标的准备工作	招标要点报告、编制施工规划、编制合同概算、编制招标文件、标底与拦标价
对钢结构建筑市场的调研	加工及安装企业的资质等级，调研的内容及方法
钢结构工程量清单的编制	单位工程造价的构成、分部分项工程量清单、技术措施项目清单

第7章 钢结构施工管理概述及管理要点

 **本章思维导读**

钢结构工程作为主体结构下的一个子分部工程，其施工必须要纳入工程管理的整体框架下实施。在对钢结构的加工和安装进行深入讨论之前，本章将对施工管理的整体流程进行说明，并就钢结构在其中的地位和管理要点着重进行讨论。

7.1 钢结构施工管理概述

建设项目取得施工许可证以后，才可以正式开始施工。在目前的工程管理体制下，工地现场的主要参与方是业主、设计、监理及总承包商，其他的参与方还有分包商、材料和设备供应商、咨询顾问、检测试验单位等。钢结构在其中主要作为工程总承包商的分包商而存在。

监理作为业主的代表，对工地现场进行全面的管理，监理工作的流程实际上代表了工地管理的流程，如图7-1所示。

从图7-1可以看出，现场管理工作主要包括三控两管一协调，核心是质量、进度及造价控制。下面对这三项控制程序进行重点说明。

7.2 质量管理的程序及要点

钢结构工程的质量管理是一个复杂的系统工程。影响工程质量的因素很多，主要包括以下五个方面：第一是人员的因素，不仅是指具体的操作工人，如焊工、起重机操作工等的工艺水平，更重要的是工程参建各方管理人员的管理能力和资质水平；第二是材料的因素，钢材的质量无疑对工程质量有决定性的影响，另外还包括焊接材料、高强度螺栓等；第三是机械设备的因素，先进的设备无疑能够有效地保证工程质量；第四是施工的方法和工艺，包括施工组织设计、施工方案，如钢结构加工方案、安装方案等，以及新技术、新工艺等，这是影响钢结构工程质量的技术因素；第五是环境因素，如现场天气因素、市场供需状况等。

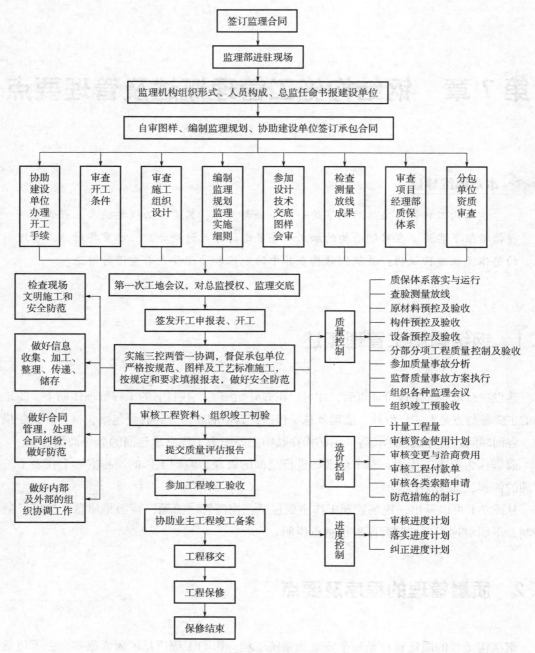

图 7-1　施工阶段监理工作流程图

工程质量的目标是国家现行的有关法律、法规、技术标准、设计文件及工程合同中对工程的安全、使用、经济、美观等特性的综合性要求，其中设计文件是最主要的质量标准文件。

质量管理的方法是建立质量管理的体系，进行全面的质量管理。按照《建筑工程施工质量验收统一标准》（GB 50300），建筑工程质量验收应划分为单位（子单位）工程、分部

（子分部）工程、分项工程和检验批。其中：单位工程是指具备独立施工条件并能形成独立使用功能的建筑物及构筑物，对于建筑规模较大的单位工程，可将其能形成独立使用功能的部分划分为子单位工程；分部工程的划分应按其专业性质、建筑部位来确定，当分部工程较大或较复杂时，可按材料种类、施工特点、施工程序、专业系统及类别等划分为若干子分部工程；分项工程应按主要工种、材料、施工工艺、设备类别等进行划分，分项工程可由一个或若干个检验批组成；检验批是最小的验收单位，可根据施工及质量控制和专业验收需要按楼层、施工段、变形缝等进行划分。

对于结构工程来说，其划分见表 7-1，钢结构是子分部工程。

表 7-1　结构工程分部分项工程划分表

分类	分部工程	子分部工程	分项工程
主体结构		混凝土结构	模板、钢筋、混凝土、预应力、现浇结构、装配式结构
		砌体结构	砖砌体、混凝土小型空心砌块砌体、石砌体、填充墙砌体
		钢结构	钢结构焊接、紧固件连接、钢零部件加工、钢构件组装与预拼装、单层钢结构安装、多层及高层钢结构安装、预应力钢索和膜结构、压型金属板、防腐涂料涂装、防火涂料涂装
		钢管混凝土结构	构件现场拼装、构件安装、钢管焊接、构件连接、钢管内钢筋骨架、混凝土
		型钢混凝土结构	型钢焊接、紧固件连接、型钢与钢筋连接、型钢构件组装及预拼装、型钢安装、模板、混凝土
		铝合金结构	铝合金焊接、紧固件连接、铝合金零部件加工、铝合金构件组装，铝合金构件预拼装、铝合金框架结构安装、铝合金空间网格结构安装、铝合金面板、铝合金幕墙结构安装、防腐处理
		木结构	方木和圆木结构、胶合木结构、轻型木结构、木构件防护

钢结构分项工程的检验批划分可按下述原则进行划分：

1）单层钢结构可按变形缝划分检验批。

2）多层及高层钢结构可按楼层或施工段划分检验批。

3）钢结构制作可根据制造厂（车间）的生产能力按工期段划分检验批。

4）钢结构安装可按安装形成的空间刚度单元划分检验批。

5）材料进场验收可根据工程规模及进料实际情况合并成一个检验批或分解成若干个检验批。

6）压型金属板工程可按楼面、墙面、屋面划分。

7）其他各方共同商定的划分方式。

检验批的验收是最小的验收单位，同时也是最基本、最重要的验收工作内容，其他分项工程、分部工程及单位工程的验收都是基于检验批验收合格的基础上进行验收。具体钢结构工程的验收应按照《钢结构工程施工质量验收标准》（GB 50205）来进行。

工程的验收应在施工单位自检的基础上，按照检验批、分项工程、分部（子分部）工程的次序进行。对于建设单位来说，单位工程或子单位工程的验收肯定要参加并签字，对于检验批、分项工程及分部工程，由监理单位来进行过程验收。在验收过程中，业主可以进行抽查，尤其对一些重点部位和重要的分部分项工程加强监督检查，以确保对工程质量的控制。

在工程施工过程中，保证工程质量的重要手段是：方案先行，样板引路。设计文件、规范标准以及样板都明确了"干成什么样"的问题，而施工方案则明确了"要达成目标，该怎么干"的问题。监理进场后要编制监理规划、监理实施细则和旁站方案等；施工单位进场后需编制施工组织设计，以及各项专项施工方案，施工方案须报监理批准后才能够实施，有些专项方案还需按照有关的要求进行专家论证。技术方案是保证工程质量最重要的手段。

工程质量的验收过程中，必须形成质量验收记录，质量验收记录应按照相关的规范和标准来形成，相关的标准和规范包括《建筑工程施工质量验收统一标准》（GB 50300），《建设工程文件归档规范》（GB/T 50328）以及北京市地方标准《建筑工程资料管理规程》（DB11/T 695）等，其中北京市的地方标准对质量验收的流程、验收记录的形成有非常明确而详尽的要求，可遵照执行。

目前工程监理制下，工程质量管理流程如图 7-2 所示。

质量管理贯穿钢结构工程施工的全过程。本书第 9 章和第 10 章将对钢结构的质量过程管理进行更为深入的讨论。

7.3 进度管理的程序及要点

7.3.1 进度管理的程序

工程总承包商是施工计划的编制者和实施者，而监理按照工程总计划的要求，对工程进度进行过程管理。工程进度管理流程如图 7-3 所示。

7.3.2 进度计划的编制

进度计划的编制是一项非常复杂而系统的工作。项目的施工进度计划分为三级，一级计划也称为总控进度计划。在施工总承包单位和监理单位确定以后，应由业主牵头，由总承包单位编制项目的总控进度计划，并报监理和业主审批认可。二级计划是指阶段性的工作计划或分部工程的工作计划，由总承包单位或专业分包公司来编制，业主有时为了完成某项具体目标也会下达阶段性的工作计划。钢结构工程的进度计划应属于二级进度计划。三级进度计划则由施工单位来具体编制。

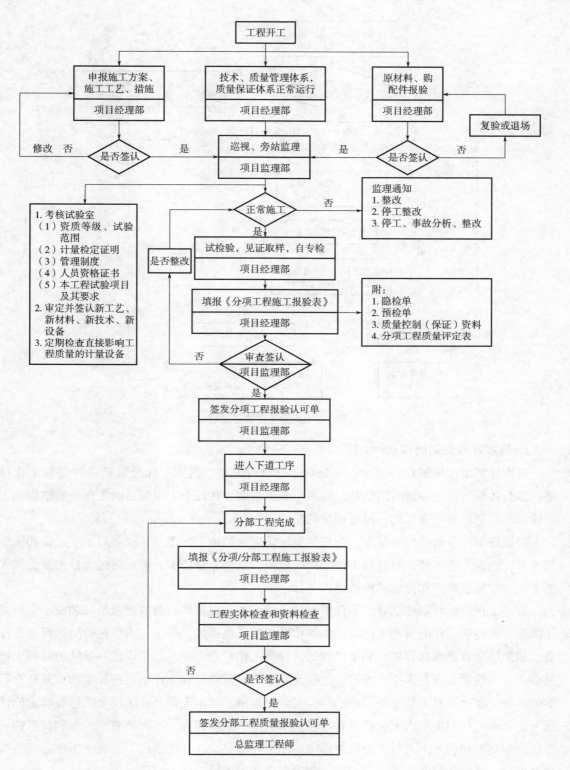

图 7-2 工程质量管理流程

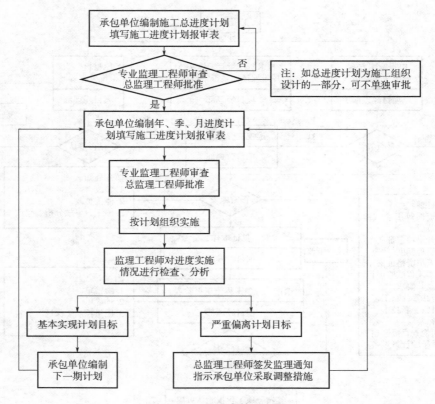

图 7-3　工程进度管理流程

1. 进度计划编制的难点和方法

进度计划编制的难点有两个：一是对工作进行分解，得到工作分解结构并进行工作排序；二是各项工作的持续时间估算。这两个难点难就难在每个工程项目的工作分解结构和工作持续时间都是有所变化的，没有固定的模式可循。

要做好工作分解结构及排序，首先要有比较完善的施工方案，其次要对施工过程和施工技术有比较深入的了解，对各项工作之间的逻辑关系都非常清楚，然后通过大量细致而深入的工作，才能够将工作分解结构做好。

对于工作持续时间的估算，不仅要充分了解人工、机械和材料的配置情况和成本，同时还需要了解各项工作的劳动生产率。如焊接采用焊条电弧焊，每个工人单位时间的焊接工作量，如采用半自动埋弧焊机，其单位时间的焊接工作量是多少，加工完成一根柱的时间大概是多少，一根梁大概是多少，等等，这些最基础的数据需要在工作中进行长期的积累和有目的的收集，才能够对工期有准确的估计。实际工程中，基本上都是在工期要求已经确定的情况下，来研究如何配置人工、机械和材料，来满足工期的目标，同时要兼顾成本和技术的可行性，如成本和技术不可行，则须对原定工期进行调整。在某些情况下，有些工作并无经验数据可行，必须通过实际的工程摸索才能确定工作的持续时间。

工作分解结构和各项工作的持续时间解决以后，就可以采用网络计划技术来求解关键路径，并通过对关键路径的调整来适应工期进度的要求，尽量做到时间和成本的最佳平衡。应该说，这种调整是一个常态的过程，关键路径有时也是在不断变化的，影响工程进度的主要矛盾也总是在不断地转化，项目管理者的责任也就在于及时发现影响工程进度的矛盾，及时予以解决。

2. 进度计划编制的实例

下面将以中央电视台新址工程主楼为例，谈谈进度计划编制过程中的一些难点问题：如工作结构分解、工作持续时间的估算以及工程计划的动态调整等。

中央电视台新址工程主楼的详细情况在本书第 4 章已经有所介绍，该楼地下 3 层，钢筋混凝土结构，采用桩筏基础，地上部分 51 层，为钢结构，局部采用劲性混凝土柱。柱子锚固在基础底板内，柱脚采用两种形式：埋入式及外包式。2005 年 12 月 30 日完成筏板混凝土的浇筑，2006 年 2 月开始地下三层首节钢柱的安装。在钢结构吊装开始后，便贯彻以现场钢结构安装为主线的原则，其余的钢材供应、钢结构加工、构件供应、吊装、人员配备、技术协调均应满足钢结构现场安装的需要。

主楼的钢结构安装大致分为三个阶段：第一阶段是两个塔楼分别独立施工；第二阶段是悬臂部分的安装至合龙完成；第三阶段是悬臂部分其余钢结构正常安装直至封顶。在整个施工过程中，设计方对钢结构安装、压型钢板-混凝土组合楼板施工以及幕墙的施工进度之间的先后关系有明确的要求，要求楼板和幕墙的施工进度落后钢结构的层数不能太多，也不能太少。这是因为主楼双向倾斜、变形和内力控制的要求。在第一阶段施工过程中，高峰时达到每 6 天一层的安装进度。第二阶段悬臂施工是钢结构安装施工的重点，其进度施工受到诸多因素的影响，包括塔式起重机的移位、测量的精度、加工和安装的预调值、天气环境等，具体可详见本书第 10 章安装方案实例二。这部分的工程安装施工是没有先例的，只能在实施的过程中不断积累经验，探索提高工程进度的方法。钢结构安装从 2006 年 2 月 15 日开始，到 2008 年 3 月 26 日钢结构封顶，12 多万 t 的重钢结构便全部安装完成。

（1）工作结构分解　工作结构有多种分解方法，一是按项目产品来分解，即按照《建筑工程施工质量验收统一标准》（GB 50300）定义的单位工程、分部工程和分项工程来划分；二是按承担任务的组织来分解，即按照从项目经理部到施工作业队，到班组的形式来划分；三是按管理目标来层层分解。但常用的仍然是第一种分解方法。

下面为央视新址工程主楼钢结构及其相关工程的工作结构分解，见表 7-2。

表 7-2　工作结构分解表

单位工程	第一层次（分部工程）	第二层次（子分部工程）	第三层次（分项工程）	第四层次
	地基与基础	有支护土方		
		桩基		
		地下防水		
		混凝土基础		

（续）

单位工程	第一层次（分部工程）	第二层次（子分部工程）	第三层次（分项工程）	第四层次	
主体结构		混凝土结构-组合楼板	模板		
			钢筋		
			混凝土		
		劲性混凝土结构-劲性柱	钢柱与钢筋的连接-钢筋连接器及焊接		
			模板		
			钢筋		
			混凝土		
		钢结构	钢结构焊接	焊接工艺评定、工艺指导书	
				焊工培训	
				焊接施工	
				焊缝无损检测	
			螺栓连接	摩擦面抗滑移系数试验	
				螺栓连接	
			钢零部件加工	加工预调值分析	
				钢结构深化设计	
				钢材采购和供应	
				零部件下料加工	
				零部件验收合格	
			钢构件组装	拼装胎架安装	
				构件组装焊接	
				构件验收合格运输	
			高层钢结构安装	安装方案（包括悬臂安装方案）	
				塔式起重机安装和顶升	
				安装预调值	
				构件地面运输（卸料平台的施工）	
				施工测量	
				构件吊装、临时固定，焊接完成	
				悬臂安装合龙	
				延迟构件安装	
				结构验收	

（续）

单位工程	第一层次 （分部工程）	第二层次 （子分部工程）	第三层次（分项工程）	第四层次	
	主体结构	钢结构	钢结构涂装	钢结构除锈	
				钢结构防腐涂装	
				钢结构防火涂装	
			钢构件预拼装	拼装胎架制作	
				构件预拼装及校正	
			压型金属板	压型金属板排版设计	
				压型金属板采购及供应	
				压型金属板焊接安装	
	建筑装饰装修	幕墙	玻璃幕墙	幕墙加工及安装方案	
				幕墙深化设计，四性试验	
				幕墙支撑钢结构系统	
				幕墙铝龙骨系统	
				幕墙玻璃板块加工	
				幕墙板块安装	
			石材幕墙		
		门窗			
	其余略				

（2）工作排序

1）对于施工总控计划（一级计划）来说，到第三或第四层，就可以满足总体进度控制的要求。对于钢结构加工、钢结构安装、玻璃幕墙工程等，可作为二级进度计划，实际上钢结构加工、安装以及幕墙工程，都是承包给不同的分包商来施工，分包商在总控计划的时限要求之下，编制自己的二级计划。

2）钢结构施工阶段，工程进度的主线是现场的钢结构安装，各种资源的配置都以满足这一关键线路为目的。位于关键线路上的工作包括埋入式柱脚及外包式柱脚随底板钢筋绑扎而埋入→基础筏板混凝土浇筑及养护→钢结构构件运输钢栈桥施工及塔式起重机安装→钢结构构件逐层逐根吊装就位、临时固定、经测量无误后焊接→塔式起重机每4层顶升一次，顶升期间安装停止，可进行焊接作业→进入悬臂施工后，需先安装悬臂底部大型操作平台，同时进行塔式起重机移位→悬臂部分构件逐根吊装、临时就位调整，测量无误后焊接→延迟构件安装。

说明：在两座塔楼施工的阶段，由于塔式起重机是附着在核心筒内，需随着钢结构的安装不断提升，每安装4层，塔式起重机需顶升一次，顶升期间，钢结构的吊装作业停止，但可进行焊接作业。钢结构施工到悬臂阶段时，由于塔式起重机的工作半径无法覆盖悬臂的端部，塔式起重机须进行移位一次，从两塔楼的核心筒移向更靠近悬臂的位置，满足悬臂吊装的要求。

3）钢结构吊装的关键线路之外，最主要的次要线路是钢结构的深化设计、钢材采购、构件加工和运输。构件供应的计划需按照安装进度的要求来制订。安装时，构件逐层逐根来进行，构件加工供应计划应细化到每层每根构件，按照安装的要求来加工供货。

4）根据设计方的施工过程分析假定，为控制倾斜和悬挑结构的内力和变形，对压型钢板组合楼板及玻璃幕墙施工的进度，与钢结构安装的进度之间的关系进行了限定。根据设计方的分析，将钢结构安装过程分为五个阶段，每个阶段的进度关系假定如下：

①阶段1——倾斜塔楼钢结构施工至悬臂部分下方三十七层（图7-4）

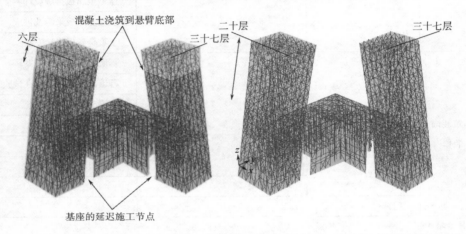

图7-4 阶段1示意图

· 混凝土浇筑在塔楼1至少完成至三十层（下限），在塔楼2至少完成至二十六层（下限），但两塔楼均不应超过三十七层（上限）。

· 在第一阶段，幕墙施工在塔楼1不应高于三十层（上限），不应低于十六层（下限）；在塔楼2不应高于二十七层（上限），不应低于十二层（下限）。

· 内部设施、面层和装修应不高于幕墙施工高度。

②阶段2——两塔楼从三十七层往上施工至顶部安装

在悬臂钢结构安装之前，两塔楼的施工进度应位于下面定义的上下限之间：

上限：

· 上限施工塔楼周围框架可以施工至各塔楼的顶层高度。

· 楼板混凝土浇筑可以完成至各塔楼的顶层高度。

· 幕墙安装可以完成至各塔楼的顶层高度。

下限：

· 塔楼的外围框架应施工至各塔楼内侧面（面Ⅰ-3和面Ⅱ-4）的顶层高度，和沿各相邻面的第一根柱。第一根柱后的框架沿支撑线退台施工。

· 各塔楼楼板混凝土浇筑必须至少完成至三十九层。

· 幕墙安装可以与阶段1中保持相同最小高度。

③阶段3——悬臂部分施工（图7-5）

悬臂部分的结构施工对已完成的塔楼结构的内力和变形有重要影响。它会增加两塔楼结构的内力和变形，内力在悬臂合龙之后，会锁定在结构之中。

·转换桁架所在的三十七层至三十九层应在悬臂部分的任何其他结构施工之前完成并连接。

·从第一个连接开始至转换桁架的完成、测试以及其形成两塔楼之间完全连续的连接，无附加荷载施加在塔楼上。

·当安装跨越最终缝隙的连接时，不应有附加荷载作用于建筑物上。

④阶段4——连接结构完成（图7-6）

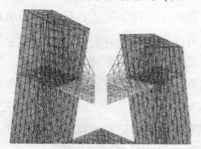
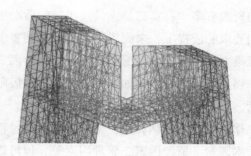

图7-5　阶段3示意图　　　　　　　图7-6　阶段4示意图

·应在完成的转换结构上施工附加的外围和内部结构。在阶段2下限方案下，要求两塔楼外围框架的安装施工至少早于悬臂区域外围框架的安装3层。

·塔楼楼板混凝土浇筑可以在悬臂区域外围框架安装时进行，且至少应在悬臂区内正安装楼板框架和压型钢板的高度进行。

·在悬臂中的外围和内部框架完成之前，悬臂区域不应有混凝土浇筑荷载和幕墙荷载作用。

·在悬臂部分，只有当外支撑结构与内部楼面梁安装完成并完全连接之后才能开始浇筑混凝土和安装幕墙。

⑤阶段5——使用条件下的结构完工（图7-7）

·裙楼的施工缝和延迟安装的构件应在悬臂部分的外筒和内部钢结构及压型钢板完成之后，楼板混凝土浇筑与幕墙安装之前进行施工。

·塔楼的楼板与柱浇筑完混凝土之后，可以浇筑悬臂部分的楼板。

·塔楼与悬臂部分的幕墙安装可以在悬臂部分楼板浇筑完之前开始进行。

在制订工程的总体计划时，需将上述的技术要求加以考虑。

5）钢结构安装是工程进度的关键线路，但也只是理论上的关

图7-7　阶段5示意图

键路线，在实际工程中，由于资源的限制，并不能保证钢结构安装能够从头到尾持续不断地进行下去。如果由于钢构件的加工受条件限制不能满足现场安装进度的需要，则现场安装必须放慢速度，钢结构加工则成为关键线路上的一环。这也说明，资源极限对工程进度的影响。

6）明确了上述各项工作之间的相互关系，以及关键线路的考虑，则很容易对各项工作进行排序。排序的关键首先是有一个完善而成熟的施工方案，第二则须对工程有全面而深入的了解。

（3）工作活动时间估算　工作活动时间的估算也是进度计划制订中的难点，难就难在对相关信息的掌握不是很全面。进行时间估算，必须掌握两方面的基础信息，第一，手中可配置的资源有多少；第二是人员及机械的劳动生产率是多少。在实际工程中，往往是在确定了工期要求的前提下，来配置资源满足工期要求。所谓计划就是资源的安排，一定要树立这样的思维方式。在很多情况下，制约计划的因素除了工序、工作面等强制逻辑关系，更重要的是非强制逻辑关系，比如资源配置能力的极限，如果没有资源配置的支持，计划根本是一句空话。

工作活动时间的估算是一个非常复杂的过程，因为影响工作活动时间的因素实在是很多的，技术因素、资源因素、管理因素等，但可以从最简单的情况来进行分析。

第一步，先分析一根简单的构件，看看影响构件工作时间的因素有哪些。不管多么复杂的钢结构，都是由一根根的构件组装起来的。对于单根构件来说，存在一个绝对的技术时间，即是假设构件从设计、加工、安装每个工序都衔接紧密，每个工序都配备足够的人员和机械，占满工作面，采用最好的工艺来生产，这根构件消耗的时间可称为构件的绝对技术时间，也是最短的时间，也是单根构件工作时间压缩的极限。不同的构件，其绝对技术时间也不同，与构件的形式、钢板的厚度、钢材的品种、节点的复杂程度有关，以一根简单的箱形柱为例，柱长为6m，截面为600mm×600mm，板厚30mm，两端及中间各设置一道横隔板，来分析单根构件的绝对技术时间，见表7-3。

表7-3　单根构件的绝对技术时间估算

序号	工序	时间估算	说明
1	深化设计	约4小时	一个相对熟练的深化设计师，进行设计绘图，并完成校对，审核等各程序
2	深化设计审批	约4小时	深化图样完成后即送审结构工程师，过程中有问题及时得到沟通和修改
3	钢材生产及供应		实际上很难估计，若钢板有现货，则时间可缩短，若订货后才生产，时间则要长很多，钢板本身生产的时间并不长，但考虑到合同、钢厂排产、检验、运输的时间，则时间会显著加长，若是特殊的钢材，则时间会更长，假设组织得非常好，钢材提前采购到位，深化设计批准后，即可开工生产
4	钢板切割下料	约2小时	采用数控机床切割下料
5	钢板边缘加工及平整度调整	约2小时	7块钢板，进行边缘坡口加工，打磨，剔除毛刺，对钢板的平整度进行测量，必要时进行调整

（续）

序号	工序	时间估算	说明
6	散件组拼，校正	约 3 小时	将散件组装起来，临时固定，并做好尺寸的校准工作
7	焊接	约 12 小时	焊接是最为耗时的工作，采用埋弧自动焊，隔板采用电渣焊。假设焊接的各项准备工作，如工艺评定、焊工培训、焊材准备都已提前就绪，在组拼完成后即可以开始焊接
8	焊接变形校正及残余应力消除	约 3 小时	这一工序依赖于焊接变形及残余应力的多少，合理的焊接工艺和焊接顺序可有效降低变形和残余应力
9	焊缝检测	约 1 小时	焊缝进行外观和内部缺陷检测，并出具检测报告，作为质量验收依据。内部缺陷一般采用超声波检测，时间较短
10	除锈	约 1 小时	除锈采用抛丸除锈工艺
11	防腐涂装及厚度检验		不同的防腐漆，其涂刷工艺、养护时间均是不同的，因而也导致其施工时间的不同。最短 1 天之内，最长可能到 7 天以上。防腐涂刷完成后，对涂层厚度要进行检查
12	构件验收	约 1 小时	构件的验收分为实体验收和资料验收两部分，关键是前面的工序中验收要到位，资料要齐全
13	构件运输	约 3 天	国内目前钢结构加工主要位于华东地区，构件运输以公路运输为主，以从上海到北京为例，约需要 3 天
14	构件到场，吊装准备	约 2 小时	构件到达安装现场后，进行交接验收，然后进行吊装准备工作，包括划线、焊接吊耳，连接耳板等
15	构件吊装就位，临时固定	约 4 小时	构件如何吊装，依赖于吊装工艺和吊装方案，本估算假设构件单件吊装就位，经检测调整后，最终临时固定
16	现场焊接	约 5 小时	焊接准备工作包括搭设工作平台和防护棚，现场对接焊缝假定采用全熔透对接焊缝，采用 CO_2 气体保护焊，由两名焊工对称同时施焊
17	焊缝检测	约 1 小时	焊接完成后，需对焊缝进行无损检测，除外观检测外，应采用超声波检测内部缺陷，必要时采用磁粉探伤来检测表面缺陷
18	补涂防锈漆	约 0.5 小时	焊缝验收完成后，应尽快清理焊缝表面，割除吊耳和临时固定耳板，在上述部位及防腐涂层破损部位补涂防锈漆
19	构件验收	约 1 小时	最终的实体验收和资料验收
	汇总	>52 小时	未考虑构件的运输、涂装、钢材的采购和供应时间

　　第二步，从工程的角度来分析，一个工程会有成千上万根构件，每个构件也都是各有特点。从工程的角度来说，影响进度的因素往往并不是技术因素，或构件的绝对时间，而是资源配置的极限，以及工程管理的水平。每种构件对不同加工厂来说，其加工的绝对时间是一样的，但由于其资源配置的能力和管理水平的不同，同样的构件每个加工厂的加工时间又都是不一样的。对一个工程来说，成千上万的构件需要分期、分批按照工程进度的需要来进行加工和安装，更加复杂，即使有足够的资源，若没有良好的管理和组织也是没用的。因而，对工程进度的估算更有意义的是参与工程施工的各个施工单位的企业工期定额。企业应注重

积累这些企业定额，这些定额也是企业最宝贵的财富和商业机密。

第三步，从更广泛的角度来分析，钢结构有一个以吨为单位的类比工期估算法。一个企业承担了多个项目的施工任务以后，便有了工期估算的基础数据。以相近的工程为基础，根据钢结构吨数的不同，再考虑一个难度及复杂程度的比例系数，就可以对钢结构的工期进行类比估算。这个以吨为单位的类比工期估算法在项目的前期阶段使用得较多，而且往往是比较准确而有效的。

7.3.3 现场进度的控制

1. 建立进度计划的管理体系

（1）三级进度计划管理体系的人员架构　所有相关单位，包括业主、设计、监理、施工各级承包单位，必须设立明确的进度管理架构，设置专职计划员。计划员需具备一定生产安排经验，了解图样、施工组织设计、方案等技术文件，能对施工进度动向提前做出预测。

（2）三级计划进度管理体系的贯彻途径

1）完善例会制度

①每周召开至少一次均有各单位负责人参加的生产调度例会。

②各施工单位每周召开至少一次本单位的生产调度例会。

③必要时召开有关进度问题的专题会议。

2）建立沟通渠道

①各单位生产负责人工作时间必须在岗，如临时外出须通知其他相关成员，并做出相应安排；除睡觉时间外必须能随时取得联系。

②各单位相互通告进度管理体系架构，建立本工程进度管理体系成员的联系总表。

③各相关单位之间，需建立纵向、横向联系。各级生产负责人、计划员之间，应及时进行指导、反馈、预警、建议等工作交流。

2. 工程进度的动态调控

在建立进度管理体系的基础上，必须树立动态调控的概念。尽管在编制计划的过程中，对影响工程进度的各种因素都进行了分析，采取了对策，但在实施的过程中就会发现，实际的工程进程远比想象的要复杂，几乎每个环节都会碰到想象不到的问题。进度管理的过程就是一个不断解决新问题，不断重新调配和组织资源，不断调整计划的动态过程，但动态调整的过程不是无序的调整，而是围绕一些既定的节点工期来调整的。

7.4 造价管理的程序及要点

施工阶段造价管理的依据是施工合同，而造价管理的重点却是合同外收入。为何如此说，先来看看工程价款的构成。

7.4.1　工程价款的构成

施工阶段的工程价款的构成如图 7-8 所示。

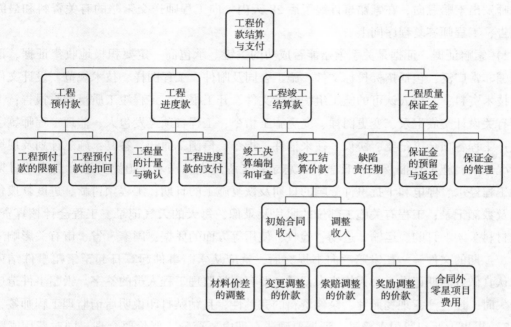

图 7-8　工程价款的构成

从图 7-8 可以看出，工程结算价款由初始合同收入和调整收入两部分构成。初始合同收入主要由预付款和工程进度款构成，施工单位进场后，即可以按照合同约定收到工程预付款，作为工程启动的资金，工程进度款则一般按月支付，每月施工单位将当月完成的工程量上报监理，监理单位核实确认后，上报建设单位，建设单位将按照完成量占总体工程量的比例按月支付。调整收入则一般包括五项，如图 7-8 所示，其中最重要的是索赔和变更的调整价款。

下面对索赔和变更进行重点说明。

7.4.2　索赔

索赔分为工期索赔和经济索赔，工期索赔往往都伴随有经济索赔。在 FIDIC 合同条款中，对索赔的条件和程序都做出了比较明确的规定。索赔是工程中不可避免的一部分，无论对承包商还是业主来说，都必须建立索赔和反索赔的意识，在工程中要积极地加以运用。

做好索赔工作，要注意以下几点：

1）要严格按照程序和时限要求进行索赔，若未按照时限要求，则可能导致索赔无效的结果。索赔事项发生后 28 天内，向工程师发出索赔意向通知；发出索赔意向通知后 28 天内，向工程师提出补偿经济损失和（或）延长工期的索赔报告及有关资料；工程师在收到承包人送交的索赔报告和有关资料后，于 28 天内给予答复，或要求承包人进一步补充索赔理由和证据；工程师在收到承包人送交的索赔报告和有关资料 28 天内未予答复或未对承包人做进一步要求，视为该项索赔已经认可；当该索赔事件持续进行时，承包人应当阶段性向工程师发出索赔意向，在索赔事件终了后 28 天内，向工程师送交索赔的有关资料和最终索赔报告，工程师答复程序同上。

2）索赔证据。证据是关系索赔能否成功的关键。承包商一定要积极地收集证据，证据的范围非常广泛，包括招标投标文件、施工合同及附件、工程图样、技术规范、设计文件及有关技术资料、发包人认可的施工组织设计文件、开工报告、工程竣工质量验收报告；工程各项有关设计交底记录、变更图样、变更施工指令；工程各项经发包人、监理工程师签字的签证；工程各项会议纪要、协议、往来信件、指令、信函、通知、答复；施工计划及现场实施情况记录、施工日报及工长日志、备忘录；工程送电、送水、道路开通、封闭的日期记录；工程停水、停电和干扰事件影响的日期及恢复施工的日期；工程预付款、进度款拨付的日期及数额记录；工程有关施工部位的照片及录像；每天的天气记录，工程会计核算资料；工程材料采购、订购、运输、进场、验收、使用等方面的凭据；国家、省、市有关影响工程造价、工期的文件等。在索赔意向书提交后，就应从索赔事件起算日起至索赔事件结束日止，认真做好同期记录。每天均应有记录，要有现场监理工程人员的签字。索赔事件造成现场损失时，还应注意现场照片、录像资料的完整性，且粘贴打印说明后请监理工程师签字。

3）提出工期和费用索赔时，证据要确凿，理由要充分，要价要合理，同时费用索赔时可以考虑预期可得利益，所谓"预期可得利益索赔"是指因为发包人或承包人不履行或不适当履行施工合同致使另一方本可以实现和取得的财产增值的利益不能实现和取得，承包人或发包人向违约方提起的赔偿损失主张。对于承包人的施工索赔和发包人的反索赔，都可以考虑预期可得利益索赔。

7.4.3　工程变更

工程变更也是承包商增加收入的主要支柱之一。工程变更的多少与前期设计工作的深度直接相关，设计工作越深入，后期的变更会越少。边设计边施工的项目变更肯定少不了。但任何一项工程都不可能没有变更，产生变更的原因主要有四个：一是来自业主的需求变更。二是设计图样本身的问题，包括图样深度不足、各专业之间的配合不到位、图样本身的错误和图样要求的一些做法无法在现场实施等。三是一些系统集成商和专业设计顾问的招标滞后，在施工图完成之前尚没有确定，导致许多专业需求在施工图中没有得到反映，一旦这些集成商和专业顾问招标到位后，在深化设计过程中，必然提出新的需求，产生设计变更。四是来源于现场，为处理现场的施工问题而产生的工程变更，或承包商为解决现场问题而提出的一些合理化建议，这些变更一般由施工单位提出，也称为工程洽商。

在工程施工过程中，工程变更的量通常是很大的，而且设计变更一般都会涉及工程造价的变化。对这些工程变更如何控制确是一个令每一个项目管理者都倍感头疼的问题。而且很多工程变更都比较紧急，有时往往是现场急等这些变更进行施工。在这种情况下，对变更的造价控制更加困难。

在变更不是很紧急的情况下，业主和工程师可以有时间坐下来对变更的内容进行深入探讨，看看是不是必须要改，若修改涉及的造价增加有多少，是不是有更优的修改方案，在经过技术和造价的充分讨论和评估后，再确定是否签发修改通知单。

对于很紧急的设计变更，则必须建立一种快速的处理机制，必要时在现场紧急进行处理，将相关人员召集到一起，集中进行讨论，快速进行处理。

对于由承包单位提出的工程洽商，可以要求承包商附一份造价估算，以利于业主和工程师对该工程洽商涉及的费用进行评估，最终决定是否签发该工程洽商。在工程施工之前，就应该建立一种工程变更的处理程序和决策机制。尤其是决策机制的建立，对加快工程变更的处理速度非常关键。同时要建立专业工程师负责制，由专业工程师牵头处理每一份的工程变更，要对专业工程师给予相应的授权，在授权范围内由专业工程师自行处理，在授权范围以外的，提交相应的决策机构进行处理。同时对每一份工程变更的处理都应该建立台账，记录工程变更的内容、修改的原因、接受和签发的日期、签发人、涉及的造价变化等内容，同时定期要对工程变更的造价进行汇总，作为下一步造价控制的依据。

以下为建议的设计变更和工程洽商的处理流程。

1. 设计变更的处理流程

设计变更一般由建设单位或设计单位来提出。在变更不是很紧急的情况下，可以就变更的技术和经济的可行性充分征求建设单位专业工程师、设计师、监理工程师、施工单位工程师的意见，并对变更的费用进行估算，费用可以由业主聘请的造价顾问来估算，也可以请承包单位或监理单位来估算，在综合了各方的技术和造价的意见后，建设单位应就是否签发该变更做出最终决策。在变更比较紧急的情况下，上述的程序不变，但参与各方需要一种快速处理的方式和决策机制，如召集专门会议，或召开现场会的方式来解决，并尽快做出决策。设计变更的处理流程如图 7-9 所示。

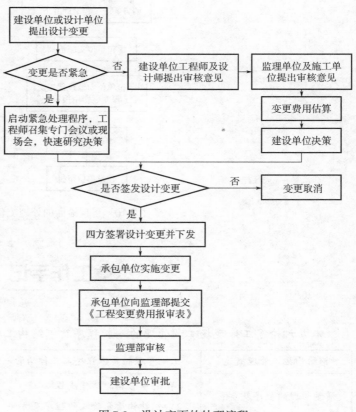

图 7-9　设计变更的处理流程

2. 工程洽商的处理流程

工程洽商一般由施工单位来提出，每份洽商应注明是否有费用发生，若有费用发生，需附变更费用估算表。洽商提出后，需征询设计师、监理工程师和建设单位专业工程师的意见。若洽商不包含费用，则处理起来简单许多，各方专业工程师认为技术上可行，就可以签发执行。若洽商涉及费用，则建设单位需综合考虑技术及经济的可行性后，做出最终是否实施的决策。工程洽商的处理流程如图 7-10 所示。

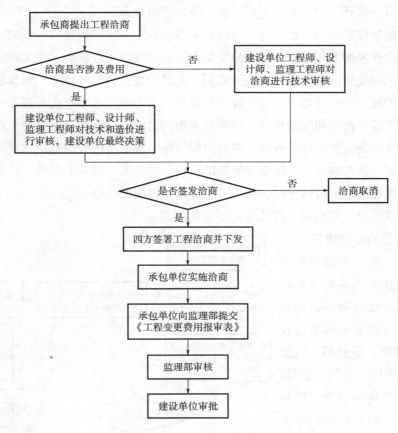

图 7-10　工程洽商的处理流程

本章工作手记

本章讨论了工地现场工程管理的一般程序及钢结构工程管理的要点。

钢结构施工管理概述	工地管理的总体程序：三控两管一协调
质量管理的程序及要点	1）质量管理的总体流程 2）钢结构质量验收的程序及方法

（续）

进度管理的程序及要点	1）进度管理的程序 2）进度计划的编制：以中央电视台新址工程为例说明计划编制的方法和难点 3）现场进度的控制
造价管理的程序及要点	1）工程价款的构成 2）索赔 3）工程变更

第8章 钢结构的深化设计

本章思维导读

　　结构工程师一般只完成钢结构构件和节点的材性、形式和截面的设计，但构件和节点如何分段，如何装配，具体的加工工艺及安装措施等，都要在钢结构深化图中体现出来，所以钢结构深化图非常重要。本章将对钢结构深化图的组织实施、深度要求等问题进行讨论，并举例说明。

8.1 深化设计的组织实施

　　钢结构施工图设计采用两阶段设计法，第一阶段由建筑工程设计单位进行结构设计，确定构件的截面形式和大小；第二阶段由钢结构制作单位或专业的钢结构深化设计单位，进行钢结构的深化设计，绘制深化设计图样。深化设计图样是构件下料、加工和安装的依据。深化设计图样数量多，主要包括构件装配图、构件加工图和节点详图。要求标注详尽。

　　在深化设计过程中，钢结构深化设计单位与原结构设计单位，及其他相关单位之间必须建立一种良好的互动关系，以及快速有效的协调机制。这是项目管理者须重点考虑的问题。这一机制不仅要保证相关单位的设计需求信息能够以正式文件提资的形式汇总到深化设计单位，做到清楚、明白、准确、及时，责任分明，另一方面，还要能够具备定期或不定期的沟通机制，来解决深化设计中存在的问题。

　　钢结构深化设计图的绘制工作量非常大，目前国内外都开发出了一些软件来提高深化设计图的设计效率。国内的有建科院 PKPM 系列 STS 钢结构设计软件，同济大学 3D3S 钢结构设计软件。国外的有英国 AceCAD 公司开发的 StrcCAD 三维钢结构详图设计软件，Tekla-xsteel 公司开发的 Xsteel 钢结构 3D 实体模型专业软件，在目前国内的钢结构施工详图的设计中都得到了广泛的使用。

　　钢结构深化设计图完成以后，应提交原结构设计单位进行审核，并签字认可，同时深化设计图涉及的相关提资单位也应会签确认。

8.2　深化设计的深度要求

8.2.1　钢结构深化设计应考虑的因素

　　钢结构深化设计绝不仅仅是深化设计单位自己的事，而是包括原结构设计单位，钢结构加工与安装单位，其他有关联的施工单位之间相互合作、共同协商的过程。具体来说，深化设计中需要考虑的因素包括：

　　(1) 结构预调值　在结构施工工程中，结构会不断地产生位移变形，尤其是对一些倾斜、悬挑或大跨度的结构，在施工过程中的位移变形会更显著，同时，结构建造完成时还应考虑一定的起拱要求。这样结构就必须进行逆变形的预调值，保证其最终的变形满足设计要求。预调值分为加工预调值和安装预调值，加工预调值主要调整构件的长短，而安装预调值主要考虑调整构件安装的角度。

　　(2) 钢结构安装的方法及施工措施　应依据吊装设备选型和安装方法进行合理的分节或分段；塔式起重机安装、爬升所需的附加连接板件；构件吊装时所需的吊耳、临时连接板、临时变形加固结构等；符合现场安装条件的节点形式、焊缝形式等；吊装临时安装措施所需增加的连接板、螺栓孔等；其他的根据结构需要的加固措施等。

　　(3) 与土建结构施工的衔接措施　土建专业所需的钢筋接驳器或钢筋连接板；需穿过钢筋的孔眼；固定模板可能需要的连接件；与混凝土连接的栓钉；钢柱底板灌浆需开的孔洞；楼板混凝土施工需增加的钢支撑（包括永久和临时的）等。

　　(4) 与其他专业包括机电、幕墙系统和装饰专业的需求　机电管线穿过构件的预留孔洞开孔的加固措施；需埋设的连接件；机电设备基座需与钢结构连接的板件；设备吊装所需的与钢结构临时连接的板件；电梯系统与钢结构的连接固定板件；幕墙系统及装饰专业与钢结构的连接、固定板件、孔眼等。

　　(5) 钢结构制作工艺及运输所需考虑的要求　符合制造加工工艺需要；满足焊接工艺需要；适于运输的需要。

　　(6) 其他施工措施的需求　施工电梯与钢结构的连接板件；混凝土运输泵管与钢结构连接的板件；安全措施需临时固定在钢结构上的连接板件等。

　　当然，在深化设计时将以上所有的因素都考虑全面是不现实的，一些临时的或小的连接件可以在钢结构安装完成后再加焊，但应尽量在钢结构加工时考虑周全。

8.2.2　钢结构深化设计的建议深度

　　钢结构施工详图（即加工制作图）一般应由具有钢结构专项设计资质的加工制作单位完成，也可由具有该项资质的其他单位完成。钢结构的施工详图包括装配图、构件加工图和节点详图，标注必须详尽。具体来说包括：

（1）钢结构设计总说明　应根据设计图总说明编写，内容一般应有设计依据、设计荷载、工程概况和对材料、焊接、焊接质量等级、高强螺栓摩擦面抗滑移系数、预拉力、构件加工、预装、防锈与涂装等施工要求及注意事项等。

（2）构件装配图　主要供现场安装使用。依据钢结构设计图，以同一类构件系统（如屋盖、钢架、吊车梁、平台等）为绘制对象，绘制本系统构件的平面布置和剖面布置，并对所有的构件编号；布置图尺寸应标明各构件的定位尺寸、轴线关系、标高及构件表、设计说明等。

（3）构件加工图　按设计图及布置图中的构件编制，主要供构件加工厂加工并组装构件用，也是构件出厂运输的构件单元图。绘制时应按主要表示面绘制每一构件的图形零配件及组装关系，并对每一构件中的零件编号，编制各构件的材料表和本图构件的加工说明等，具体来说包括：

1）构件本身的定位尺寸、几何尺寸。

2）标明所有组成构件的零件间的相互定位尺寸、连接关系。

3）标注所有零件间的连接焊缝符号与零件上的孔、洞及其相互关系尺寸。

4）标注零件的切口、切槽、裁切的大样尺寸。

5）构件上的零件编号及材料表。

6）有关本图构件制作的说明（相关布置图号、制孔要求、焊缝要求等）。

（4）安装节点详图　施工详图中一般不再绘制节点详图，当构件详图无法清楚表示构件相互连接处的构造关系时，可绘制相关的节点图。

8.3　钢结构深化设计的实例

下面以一个演播厅的钢结构深化设计为例，来说明钢结构深化设计的内容。

8.3.1　深化设计说明

深化设计说明应根据工程的特点详细说明本工程深化设计的依据、设计范围、各项技术要求、加工及安装的注意事项、协调事项等，需要说明的内容如本例所示。

1. 本次深化图样依据及范围

1）依据设计院提供的系列结构图样。

2）深化图样范围为演播厅钢结构。

2. 加工要求

1）构件工厂拼接，要按照有关规范对 H 型钢、角钢的要求进行拼接。要求现场拼接的必须在工厂将坡口开好，坡口可依据加工厂的经验进行适当修改。

2）需要现场焊接的加劲板及连接板，遇到与钢梁连接的，加工厂应对图中尺寸再预留 $-2mm$ 的现场安装余量。

3）钢构件在进行涂装前，必须将构件表面的毛刺、铁锈、氧化皮、油污及附着物彻底清洁干净，采用喷砂、抛丸等方法彻底除锈，达到 Sa2.5 级。现场补漆除锈，可采用电动除锈工具彻底除锈，达到 St3 级，并达到 $35 \sim 55 \mu m$ 的粗糙度，经除锈后的钢材表面在检查合格后，应在要求的时限内进行涂装。

4）防腐要求：涂装采用环氧富锌漆，干膜厚度 $200 \mu m$。

5）吊装孔的要求，立柱需增加现场吊装孔，吊装孔设在距柱顶 3m 和柱脚 7m 位置的钢柱翼缘上，孔心距离翼缘边 50mm，其直径为 $\phi 30$。每根钢柱设吊装孔两个。

3. 构件编号规则

构件编号规则如：

FF-E01-DZ-01，分别代表如下：

（工程代号）-（房间编号）-（构件类型）-（构件号）

4. 其他未尽事宜

其他未尽事宜请参见设计院结构图样及钢结构设计总说明。

8.3.2 图样目录

图样目录应标明本册图样所含的图样图号、图名、数量、规格、图幅、比例等内容，见表 8-1。

表 8-1　演播厅图样目录

序号	图号	图名	数量	图幅	比例	备注
1	FF-E01-A-1	一层（±0.000）平面布置图	1	A2	1:120	
2	FF-E01-A-2	A-A 剖面布置图	1	A2	1:120	
3	FF-E01-A-3	B-B 剖面布置图	1	A2	1:120	
4	FF-E01-A-4	二层（+6.000）平面布置图	1	A2	1:120	
5	FF-E01-A-5	二层（+12.000）平面布置图	1	A2	1:120	
6	FF-E01-A-6	二层（+14.300）平面布置图	1	A2	1:120	
7	FF-E01-A-7	二层（+20.700）平面布置图	1	A2	1:120	
8	FF-E01-A-8	垂直支撑立面布置图	1	A2	1:120	
9	FF-E01-A-9	吊杆平面布置图	1	A2	1:20	

（续）

序号	图号	图名	数量	图幅	比例	备注
10	FF-E01-CLD-1~13	吊柱钢梁加工详图	13	A3	1:20	
11	FF-E01-L-1	墙体连接钻孔详图	1	A3	1:20	
12	F-E01-LJ-2	转换梁连接节点详图	1	A3	1:20	
13	FF-E01-LJJ-1	柱间连接节点详图	1	A3	1:20	
14	FF-E01-GZ-01~36	钢柱加工详图（GZ1~GZ42）	36	A3	1:20	
15	FF-E01-GL-01~214	钢梁加工详图（GL1~GLZ351）	214	A3	1:20	
16	FF-E01-ZC-01~34	直支撑加工详图（ZC1~ZC113）	34	A3	1:20	
17	FF-E01-SC-01~27	水平支撑加工详图（SC1~SC215）	27	A3	1:20	
18	FF-E01-DG-01~51	吊杆加工详图（DG1~DG87）	51	A3	1:20	
19	FF-E01-DZ-01~82	吊柱加工详图（DZ1~DZ82）	82	A3	1:20	
20	FF-E01-MD-01~31	组合件加工详图（MD1~MD32）	31	A3	1:20	
21	FF-E01-SFJ-01~13	耳板加工详图（SFJ1~SFJ51）	13	A3	1:20	

8.3.3 深化设计图样

1. 平面及立面布置图

平面及立面布置图要表明钢构件的分段情况，对所有的构件单元进行编号，表明各单元构件之间的位置关系等。

（1）平面布置图　如图8-1、图8-2所示。

（2）立面布置图　如图8-3所示。

2. 构件加工图

（1）钢梁加工图　如图8-4所示。

（2）钢柱加工图　如图8-5所示。

3. 节点详图

节点详图如图8-6所示。

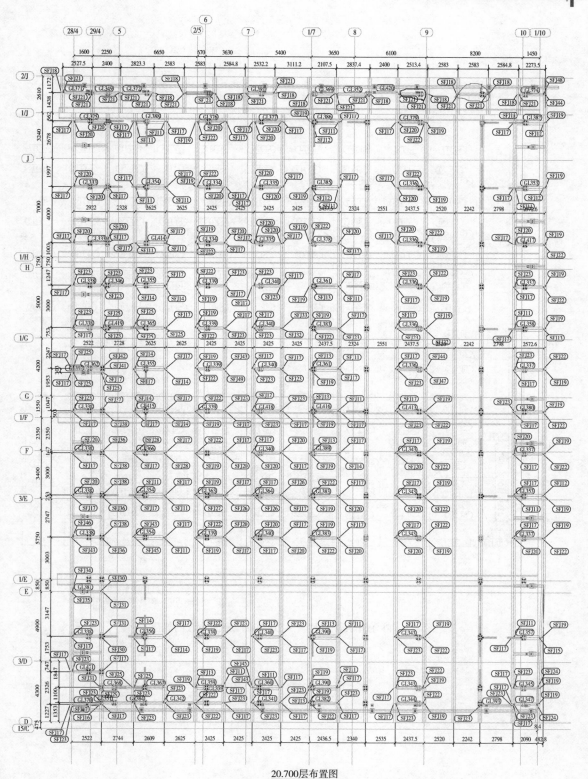

20.700层布置图

注：图中未编号杆件为原结构杆件。

图 8-1　FF-E01-A-7 二层（+20.700）平面布置图

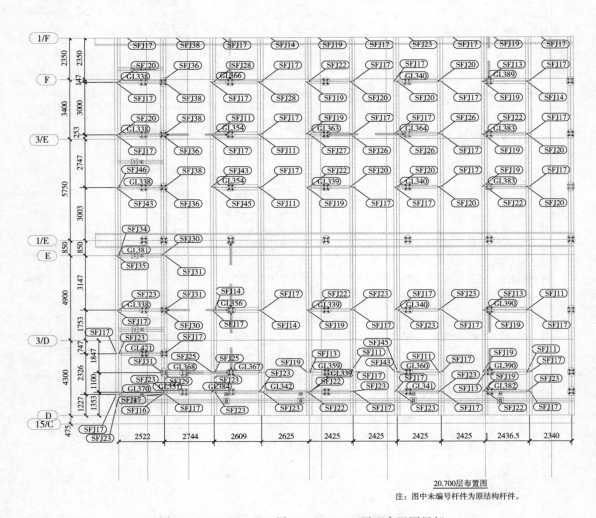

20.700层布置图

注：图中未编号杆件为原结构杆件。

图 8-2   FF-E01-A-7 二层（+20.700）平面布置图局部

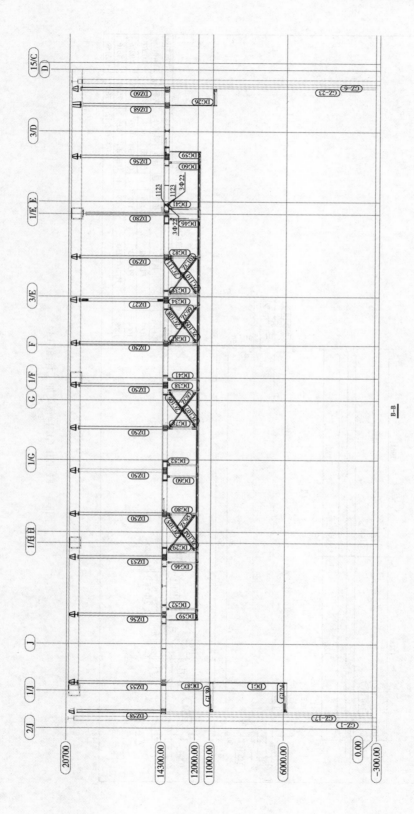

图8-3 FF-E01-A-3 B-B剖面布置图

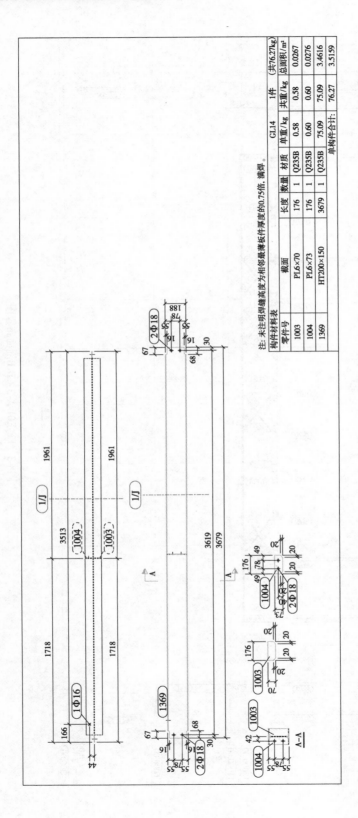

注：未注明焊缝高度为相邻较薄板件厚度的0.75倍，满焊。

构件材料表

零件号	截面	长度	数量	材质	单重/kg	共重/kg	总面积/m²
1003	PL6×70	176	1	Q235B	0.58	0.58	0.0267
1004	PL6×73	176	1	Q235B	0.60	0.60	0.0276
1369	HT200×150	3679	1	Q235B	75.09	75.09	3.4616
单构件合计：					76.27	76.27	3.5159

GL14　1件　(共76.27kg)

图8-4　FF-E01-GL-14钢梁加工详图GL14

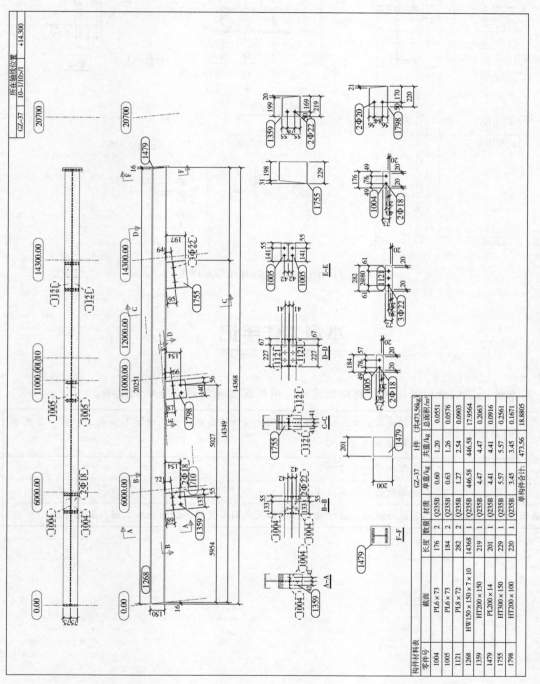

图8-5 FF-E01-GZ-37钢柱加工详图GZ37

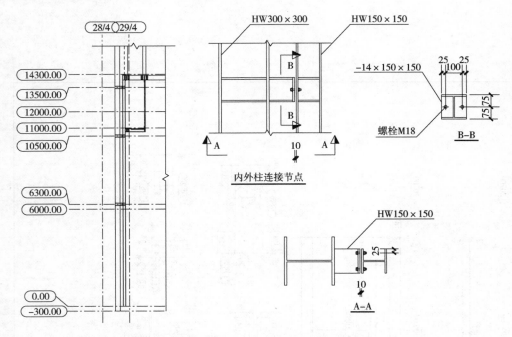

图 8-6　FF-E01-LJJ-1 柱间连接节点详图

本章工作手记

　　本章讨论了钢结构深化设计的组织实施、图样深度等问题，并举例说明。

深化设计的组织实施	钢结构加工单位往往承担深化设计的实施，但同时要与结构工程师、安装单位紧密合作
深化设计的深度要求	深化设计应考虑的因素
	深化设计的建议深度
钢结构深化设计的实例	设计说明、图样目录、平面及立面布置图、钢构件加工图、节点详图

第 9 章 钢结构的加工

本章思维导读

　　钢结构构件和节点需要分段进行加工、运输及安装，每一段都是一个加工单元。本章将对每个单元加工过程中的质量控制流程，以及流程中每一个技术环节的质量控制要点进行讨论。

9.1 钢结构加工的管理流程

　　钢结构加工的质量控制必须遵循技术先行、样板引路的原则。在钢结构加工前，加工单位应编制钢结构加工方案，并报监理批准后实施。监理将按照安装方案的要求及有关规范、标准的要求，对构件加工过程中的每个环节进行质量检查，构件加工完成并验收合格后才能运往现场进行安装。

　　图 9-1 所示为加工过程中的质量管理流程及主要的质量管理技术环节。

9.2 钢材的质量控制

　　钢材的质量是构件质量的基础，所以加工质量的控制应从钢材的质量控制开始。钢材的质量控制关键要抓住订货的技术条件和钢材的复验两个环节。

9.2.1 钢材订货的技术条件

　　钢材的性能分为力学性能和工艺性能两个方面，前者要满足结构的功能（强度、刚度、疲劳等），后者则需符合加工过程的要求（韧性、冷弯性能和焊接性等）。表 9-1 是钢材定货技术条件的主要性能指标。

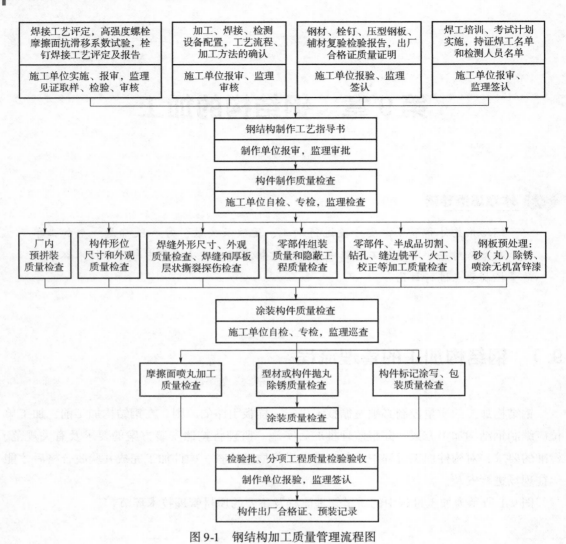

图 9-1　钢结构加工质量管理流程图

表 9-1　钢材定货技术条件的主要性能指标

序号	技术指标	说明
1	强度	强度是钢材最基本的性能指标，常用的钢材强度包括 Q235、Q355、Q390 等。强度通过拉伸试验来确定
2	Z 向性能	对于建筑用钢板，厚度达到 15～150mm 会要求钢板的 Z 向性能，即是指钢板沿厚度方向的抗层状撕裂性能，采用厚度方向拉力试验时的断面收缩率来评定。并以此分为 Z15、Z25 和 Z35 共三个级别。Z35 的断面收缩率不小于 35%，性能最优
3	定尺要求	是指确定钢板的交货尺寸。必须在钢结构深化设计完成后，对加工构件所需的钢板进行排版，以实现对钢板的最优利用，减少下料时的废弃率
4	质量等级	普通碳素结构钢的质量等级总体可分为 A、B、C、D 四级。对于高层钢结构焊接用钢，则分为 C、D、E 三级。钢材的质量等级评定主要是依据钢材冲击韧性的试验温度及冲击吸收能量数值

（续）

序号	技术指标	说明
5	韧性	钢材的韧性是指在荷载作用下钢材吸收机械能和抵抗断裂的能力，反映钢材在动力荷载下的性能。通常以 V 型缺口的夏比试件在冲击试验中所耗的冲击吸收能量数值来衡量材料的韧性。冲击吸收能量以焦耳为单位，应不低于 27J。钢材的冲击韧性值受温度影响很大，易产生低温脆断。进行冲击试验时必须明确试验温度，以确定钢材等级
6	焊接性	焊接性是指钢材对焊接工艺的适应能力。碳元素是影响焊接性的首要元素。碳含量超过某一含量的钢材甚至是不可能施焊的。用碳当量来衡量钢材的焊接性。国际上比较一致的看法是，碳当量小于 0.45%，在现代焊接工艺条件下，焊接性是良好的。也可采用焊接裂纹敏感性指数来衡量焊接性
7	冷弯性能	冷弯性能反映钢材经一定角度冷弯后抵抗产生裂纹的能力，是钢材塑性能力及冶金质量的综合指标。通过试件在常温下 180° 弯曲后，如外表面和侧面不开裂也不起层，则认为合格。弯曲时，按钢材牌号和板厚容许有不同的弯心直径 d
8	交货状态	交货状态包括热轧、控轧（温度-形变控制轧制 TMCP）、正火或淬火加回火的状态等。应根据工程的需要来确定
9	化学成分	是指钢材所含的各种微量合金元素，如 C、Mn、Si、P、S、N 等元素的含量
10	伸长率	是表示钢材塑性的重要指标，通过标准试件的拉伸试验来测定。伸长率越高，钢材的塑性越好
11	屈强比	是指钢材的屈服强度和极限强度的比值。屈强比越低，钢材的安全储备越大
12	适用标准	是采用国内标准还是国外标准，并明确具体的标准

钢材的定货技术条件是在钢结构施工图的基础上编制完成的，在钢结构深化设计完成后，就可以编制非常详细的技术条件，然后根据详细的技术条件来组织订货。

9.2.2　钢材的复验

钢材出厂之前，已经通过了检验，并具有质量证明书。为了充分保证钢材的质量，钢材到了加工厂，在加工之前，应进行复验。《钢结构工程施工质量验收标准》（GB 50205）条文说明第 4.2.2 条也明确要求，对属于下列情况之一的钢材，应进行见证取样复验，其复验结果应符合现行国家产品标准和设计要求：①对结构安全等级为一级的重要建筑使用的钢材，应进行复验。②对大跨度钢结构来说，弦杆或梁用钢板为主要受力构件，应进行复验。③板厚大于或等于 40mm，且承受沿板厚方向的拉力时，应进行复验。④对强度等级大于或等于 420MPa 的高强度钢材，应进行复验。⑤对国外进口的钢材应进行抽样复验，当具有国家进出口质量检验部门的复验商检报告时，可以不再进行复验。由于钢材经过转运、调剂等方式供应到用户后，容易产生混炉号，而钢材是按炉号和批号发材质合格证，因此对于混批的钢材应进行复验。⑥当设计提出对钢材复验的要求时，应进行复验。且复验应由国家认可的具备检测资质的实验室来进行，不能由加工厂自行检验，除非加工厂的实验室也具备相应资质。复验应注意以下几方面的内容：

（1）检验批的确定　钢材应成批验收，每批由同一牌号、同一炉罐号、同一质量等级、同一品种、同一尺寸、同一交货状态的钢材组成。国家规范标准对钢材检验批的重量并没有明确的规定。检验批的确定与国家钢材的加工水平和经济实力密切相关，同时也与具体的工程实际情况相关，对一些重要部位的钢材和生产经验并不多的钢材，需逐张检验。对一些加工工艺成熟、质量稳定的钢材，则可以扩大检验批的重量要求。在这种情况下的处理办法是召开专家讨论会，通过专家讨论会来确定钢材检验批的重量。如中央电视台新址工程召开了专门的专家会来确定钢材检验批的重量，并形成如下决议：

1）对Q235、Q355且板厚小于40mm的钢材，由于是国内工程中常规使用且钢厂生产工艺成熟和产品质量较为稳定，对每个钢厂首批（每种牌号600t）的钢板或型钢，同一牌号、不同规格的材料组成检验批，按150t为一批，当首批复验合格则扩大至400t为一批。

2）对Q235、Q355且板厚大于或等于40mm的钢材，对每个钢厂首批（每种牌号600t）同一牌号、不同规格的材料组成检验批，按60t为一批，当首批复验合格则扩大至400t为一批。

3）对Q390D、Q355GJC和A572Gr50钢材，对每个钢厂首批（每种牌号600t）同一牌号、不同规格的材料组成检验批，按60t为一批，当首批复验合格则扩大至200t为一批。

4）对Q420D和Q460E高强度钢材：化学分析、拉伸、冲击和弯曲性能复验，每个检验批由同一牌号、同一炉号、同一厚度、同一交货状态的钢板组成，且每批重量应不大于60t；厚度方向断面收缩率复验，Z15级钢板每个检验批由同一牌号、同一炉号、同一厚度、同一交货状态的钢板组成，且每批重量应不大于25t；Z25、Z35级钢板应逐张复验；厚度方向性能钢板应逐张进行探伤复验。

（2）复验的内容及试验结果评定标准　应按照以下现行国家和行业标准执行：《碳素结构钢》（GB 700），《低合金高强度结构钢》（GB/T 1591），《厚度方向性能钢板》（GB/T 5313），《高层建筑结构用钢板》（YB 4104）等，对于国外牌号按相应的国外标准执行。复验内容总的来说包括化学成分分析和力学性能试验两部分。力学性能试验包括拉伸试验、夏比缺口冲击试验、弯曲试验几部分，若结构要求钢板的厚度方向性能，尚应进行厚度方向的拉伸性能试验。设计要求的其他的性能试验，应根据工程的具体情况来确定。

（3）复验取样位置及复验试样的加工方法和试验标准　应按照现行国家相应的标准来执行，对于国外牌号按相应的国外标准执行。标准如下：

《钢及钢产品力学性能试验取样位置及试样制备》（GB/T 2975）

《钢的成品化学成分允许偏差》（GB/T 222）

《钢铁及合金化学分析方法》（GB/T 223）

《金属材料　室温拉伸试验方法》（GB/T 228）

《金属材料　弯曲试验方法》（GB/T 232）

《金属材料　夏比摆锤冲击试验方法》（GB/T 229）

《厚度方向性能钢板》（GB/T 5313）

《厚钢板超声检测方法》（GB/T 2970）

尽管有以上种种的检验措施，但钢板的有些缺陷在检验过程中无法探测到，或被忽略掉了，在结构受力以后，这些缺陷会导致延迟裂缝的产生和开展，对结构的危害很大。避免上述问题的根本措施是慎重选择钢材生产厂家，尽量选用设备先进、工艺领先、质量稳定、经验丰富的大厂，钢材的质量才是比较有保障的。

9.3　钢结构加工方案

钢结构加工方案是构件加工的基础。加工方案应主要包括以下重点内容：项目管理组织和劳动力计划、加工进度计划及工期保证措施、钢结构加工工艺制作总则及特殊构件的制作工艺、质量保证体系及保证措施等，其中最重要的是加工工艺制作总则及特殊构件的制作工艺。必须明确构件的加工工艺流程，并针对流程中的各个环节，包括构件排版下料切割、零件矫平矫直、零件组拼固定、焊前预热、焊接、焊后保温、焊接变形矫正、应力消除、端面加工、冲砂、涂装等编制详细的工艺方法和技术措施。

下面给出两个加工方案示例，供读者理解加工方案的编制过程。

9.3.1　加工方案示例一：厚板 H 型钢制造工艺

1. 厚板 H 型钢制作工艺流程

厚板 H 型钢制作工艺流程如图 9-2 所示。

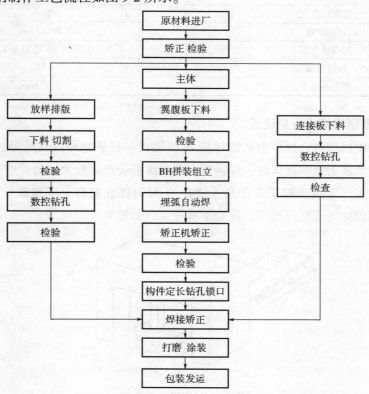

图 9-2　厚板 H 型钢制作工艺流程

2. 放样

各施工过程如钢板下料切割，H 型钢组合，各部件和零件的组装，构件预拼组装都需由专业放样工先进行计算机放样，另外放样时应按工艺要求预放焊接收缩余量，且严格按实际订制的材料进行合理排版，尽可能地提高材料利用率。对于构件外形过大，必须分段制作的杆件分段位置可根据板长确定，同时分段接头位置距节点应

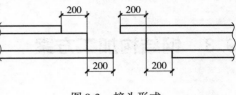

图 9-3　接头形式

大于 500mm，并注意所有拼接接头避开跨中 1/3 区域，接头形式如图 9-3 所示。

3. 划线与号料

对于尺寸较小的零件，在不必要用数控切割的情况下，采用人工划线、号料，用半自动切割机进行切割。

4. 下料切割

下料切割前钢板应用矫平机进行矫平，切割设备主要采用数控等离子切割机、数控火焰多头直条切割机、带锯床、铣边机、剪板机等，对于较小的零件如节点板等用光电跟踪切割，切割要求严格按标准执行，见表 9-2。

表 9-2　切割允许偏差表

切割项目	允许偏差
长度和宽度	±3mm
切割缺棱	不大于 1mm
端面垂直度	不大于板厚的 5% 且不大于 1.5mm
坡口角度	±5°
板边直线度	不大于 3mm

5. 厚板 H 型钢焊接反变形设置

由于本工程中巨型柱、巨型桁架的焊接 H 型钢较多且钢板厚度比较厚，而且腹板与上下翼缘的角焊缝要求为全熔透焊缝，焊接后上下翼缘板会产生较大的角变形。相对于厚板的角变形，不易校正，为减少校正工作量，故在 H 型钢拼装前将上下翼缘板先预设反变形，反变形量按实际焊接变形情况确定，反变形校正示意如图 9-4 所示。

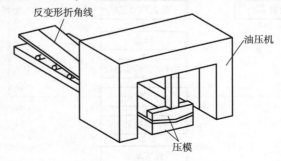

图 9-4　反变形校正示意

6. H 型钢的拼装组立焊接

（1）H 型钢拼装制作流程　如图 9-5 所示。

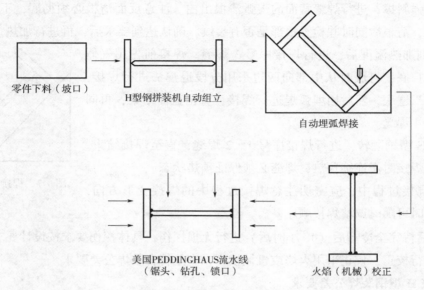

零件下料（坡口）

H型钢拼装机自动组立

自动埋弧焊接

美国PEDDINGHAUS流水线
（锯头、钻孔、锁口）

火焰（机械）校正

图 9-5　H 型钢拼装制作流程

1）组装前先检查组装用零件的编号、材质、尺寸、数量和加工精度等是否符合图样和工艺要求，确认后才能进行装配。

2）构件组装要按照工艺流程进行，拼制 H 型钢梁四条纵焊缝处 30mm 范围以内的铁锈、油污等应进行打磨清理干净，直至露出金属光泽后才能进行拼装。

3）H 型钢的翼板和腹板下料后应标出翼板宽度中心线和腹板拼装位置线，并以此为基准进行 H 型钢的拼装。H 型钢拼装在 H 型钢梁拼装机上进行。为防止在焊接时产生的角变形过大，拼装时可适当用斜撑进行加强处理，斜撑间隔距离视 H 型钢翼、腹板的厚度进行设置，如图 9-6 所示。

4）H 型钢拼装定位焊所采用的焊接材料须与正式焊缝的要求相同，厚板的定位焊须用火焰进行预热，预热温度 100~150℃，定位焊的焊脚不应大于设计焊缝的 2/3，且不得大于 8mm，厚板定位焊缝长度不得小于 60mm，定位焊不得有裂纹、气孔、夹渣，否则必须清除后重新焊接。

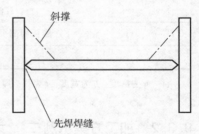

斜撑

先焊焊缝

图 9-6　斜撑设置示意图

（2）厚板 H 型钢的焊接

1）将拼装好的 H 型钢吊入门型埋弧自动焊机焊接胎架上，安装引熄弧板，引熄弧板材质与 H 型钢相同，调整焊机，准备焊接。

2）用陶瓷电加热器将焊缝两侧 100mm 进行预热，预热温度 100~150℃，加热过程中用测温仪进行测量，防止加热温度过高，待加热至规定温度后即可进行焊接。

3）按焊接工艺评定参数用埋弧焊进行自动焊接，焊接按图 9-7 所示顺序进行。先焊序号 1 焊缝，焊至设计焊缝的一半时，再焊序号 2 焊缝，同样先焊至一半，然后将 H 型钢翻转，拆去加强斜撑，进行焊缝背面的碳弧清根出白。注意反面清根必须彻底，不得有夹渣、熔合线存在，清根后同时并检查根部是否有裂纹，确认达到要求后，再进行加热。

4）达到加热温度后，进行焊接序号 3 焊缝。焊接前先用气体保护焊进行打底，打底时从中部向两边采用分段退焊法进行焊接，至少打二至三遍底，然后用埋弧焊进行焊接，直至盖面结束；再同样焊接序号 4 焊缝。

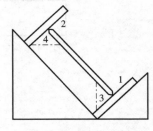

图 9-7　焊接顺序示意图

5）将 H 型钢翻转，进行焊接序号 1、2 焊缝，直至焊接结束。注意各顺序焊接时需连续预热，焊缝必须保证预热状态。

6）在焊接过程中，应密切注意焊接过程中的焊接变形方向，以便在焊接时可随时调整焊接顺序。

7）焊后待完全冷却后（48 小时后）进行无损探伤，具体探伤要求按设计要求进行。探伤合格后进行校正，校正采用火焰或机械校正，直至符合装焊公差要求。

7. 焊接 H 型钢装焊公差要求

焊接 H 型钢装焊公差见表 9-3。

表 9-3　焊接 H 型钢装焊公差　　　　　　　　　（单位：mm）

H 型钢高度　$h<500$，$500<h<1000$，$h>1000$	±2，±3，±4
H 型钢翼缘宽度	±3
翼缘与腹板的垂直度	$b/100$ 且 $\leqslant3$
腹板中心偏移	2
腹板局部平面度　$t<14$，$t\geqslant14$	3，4
扭曲	$b/250$ 且 $\leqslant5$

注：h 为高度，b 为宽度，t 为腹板厚度。

9.3.2　加工方案示例二：　大桁架的加工制作工艺

1. 施工方案的分析比较及确定（以图 9-8 所示的大桁架为例说明）

由于本工程桁架跨度大，截面高度较高，中心跨度达到 30m，截面高度达到 7m 多，所以采取合理的分段划分和节点设计显得非常重要。

（1）施工方案（一）　大桁架的上弦、中弦、下弦三根水平弦杆在长度方向上各分成三段，弦杆接头的连接，腹板均采用高强度螺栓连接节点，翼缘均为焊接节点，腹杆与弦杆的连接采用节点过渡，腹杆的腹板均采用安装螺栓连接的安装节点形式。翼板均采用焊接形式。构件加工后在厂内进行预拼装，运至现场拼装场地后，再进行整体预拼装，四方会签后交吊装单位吊装。

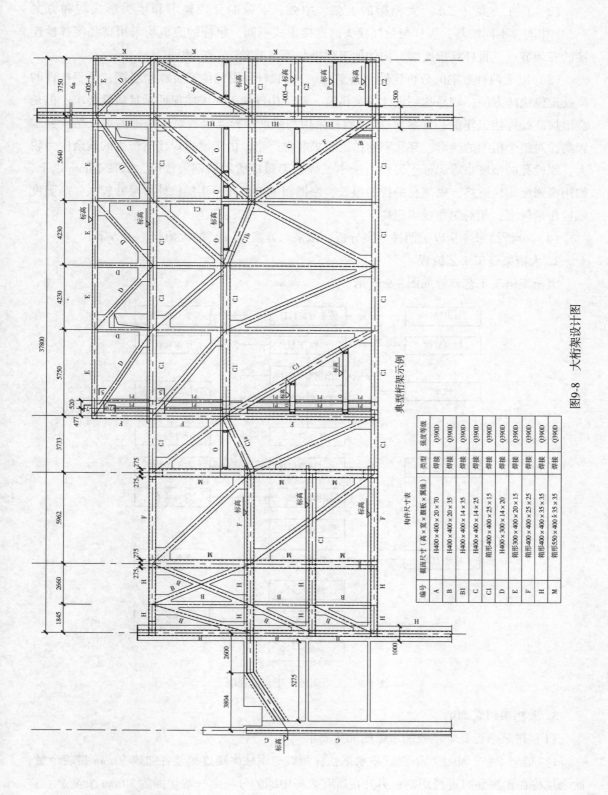

构件尺寸表

编号	截面尺寸（高×宽×腹板×翼缘）	类型	强度等级
A	H400×400×20×70	焊接	Q390D
B	H400×400×20×35	焊接	Q390D
B1	H400×400×14×35	焊接	Q390D
C	H400×400×14×25	焊接	Q390D
C1	箱形400×400×25×15	焊接	Q390D
D	H400×300×14×20	焊接	Q390D
E	箱形300×400×20×15	焊接	Q390D
F	箱形400×400×25×25	焊接	Q390D
H	箱形400×400×35×35	焊接	Q390D
M	箱形550×400×35×35	焊接	Q390D

典型桁架示例

图9-8 大桁架设计图

（2）施工方案（二） 大桁架的上弦、中弦、下弦的分段要求和接头形式均和方案（一）相同，不同的是，腹杆与弦杆接头的连接形式不同，腹杆的腹板均采用高强度螺栓连接的安装节点，腹杆翼板连接、构件加工预拼装等与方案（一）相同。

（3）以上两种方案的分析比较 方案（一）：腹杆采用定位安装螺栓连接，便于杆件的高处定位快捷方便，较易达到设计安装精度，对于构件加工要求能保证满足质量要求，但是会增加高处焊接工作量。方案（二）：腹杆采用高强度螺栓连接，对于杆件的加工精度要求较高，对整个桁架的变形、穿孔率的精度要求非常严格，由于厚板焊接后产生的残余应力较大，螺栓孔的精度很难保证。另外由于本工程桁架腹杆所用的钢板较厚，都在 25mm 以上，如用高强度螺栓连接，则螺孔的排距很长，摩擦面范围很大，连接板外形尺寸较大，高强度螺栓用量较多，相对制作成本很高。

（4）分析结果 从以上两种方案分析，拟采取方案（一）的大桁架施工方案。

2. 大桁架施工工艺流程

大桁架施工工艺流程如图 9-9 所示。

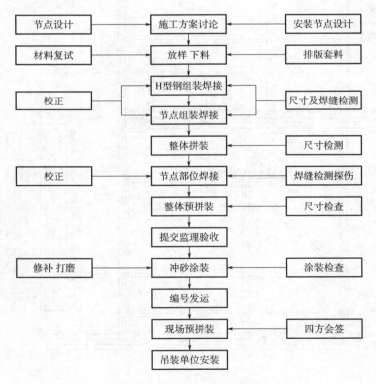

图 9-9 大桁架施工工艺流程图

3. 大桁架组装细则

（1）拼装余量及焊接收缩余量的加放要求

1）桁架上弦、中弦、下弦三根水平弦杆两端与钢柱牛腿连接处各加放 50mm 拼装余量，此余量待在预拼装时进行切割，另外在所有弦杆中间的分段上一端均加放 30mm 余量。

2）桁架高度方向须加放焊接收缩余量，即上弦杆与中弦杆间，中弦杆与下弦杆间高度均加放 3mm 收缩余量。

3）所有腹杆一端正做，一端加放 30mm 拼装余量。

4）如桁架设计有起拱要求，为保证桁架组装后的起拱值，则放样时须在实际拱高的基础上再加放一反变形量（此反变形量将根据桁架的自重、荷载进行位移计算确定），并在下料时就直接按放大后的拱度值进行下料。

（2）弦杆拼装要求　所有弦杆进行 H 型钢拼装焊接，H 型钢的拼装焊接要求详见本章厚板 H 型钢加工工艺要求，这里不再重新说明，焊后校正测量探伤，注意必须保证各接口处的断面尺寸要求，拼焊后所有弦杆余量暂时不得切割，待在总体预拼装时进行切割。

（3）腹杆拼装要求　所有腹杆在下料时均以整根长度下料，即在拼接接头处不断开，再进行 H 型钢的拼装焊接，H 型钢的拼装焊接要求同前，焊后校正测量探伤，切割端部余量，然后在 H 型钢锯钻流水线上进行切割成三段，同时进行接口处的安装螺栓钻孔，这样可以保证腹杆的拼接接口处的断面尺寸一致，做到接口吻合，利于安装就位焊接。

（4）弦杆、腹杆、连接板钻孔要求

1）所有弦杆腹板上的高强度螺栓孔待整体预拼装后进行钻孔，不得在焊接前钻孔，以防止焊接变形后引起孔距误差。

2）腹杆上的两端安装螺栓孔均在锯钻流水线上进行锯头钻孔。

3）所有高强度螺栓连接板，安装定位螺栓连接板均在数控钻床上进行钻孔，不得划线钻孔。

（5）桁架整体组装　考虑到桁架外形尺寸较大，厚板焊接变形量大，易引起整体变形，故采用整体组装的方法组装，要求如下：

1）整体组装胎架要求划出桁架整体线型尺寸，包括起拱值（如设计有起拱要求）。

2）先把上、中、下三根弦杆分别吊上胎架进行定位，弦杆定位时从中部向两侧进行定位，保证与地面纵横向中心线的吻合，与胎架定位牢固。

3）吊上腹杆两端杆件，与胎架及弦杆定位，定位必须定对地面角度中心线、企口线和侧向水平中心线，侧向水平中心线必须与弦杆侧向水平中心线水平，并同时安装弦杆与节点处相对应的加劲肋板。

4）吊上斜腹杆和直腹杆，用销轴与节点进行定位，每个接头处用 4 只销轴，定位后检查腹杆与节点的板边差及焊缝间隙、翼缘整体平面度等，超差必须修正，注：其中两根斜腹杆由于弦杆一端有余量，不能安装，待整体预拼时再安装检查。

5）自检专检合格后交监理检查，符合要求后方可进行焊接。

（6）桁架整体焊接

1）焊前将不焊处全部用色笔标明不焊，注意中弦杆上面的 5 只节点由于高度超过运输高度，故此 5 只节点须在现场进行拼装，也不焊接。

2）先焊弦杆腹板上的加劲肋板，焊接时从中间向两侧焊接，焊接采用气体保护焊，以减少焊接变形。

3）焊接腹杆端部与弦杆的焊缝，焊接时先焊上弦节点板，再焊中弦下面的节点板，最后焊下弦处的节点板，以使桁架挠度值保证为正值，焊接采用多层多道焊，并注意变形方向，随时调整焊接顺序。

4）拆去腹杆，将弦杆翻身，重新与胎架定位，与前焊接顺序相同进行焊接，焊后在自由状态下校正变形，冷却后进行探伤。

（7）弦杆焊后残余应力的消除措施

1）由于弦杆与节点处的焊缝比较集中，焊接后将会产生较大的残余应力，当残余应力达到材料的屈服极限时，结构将会产生塑性变形，所以如何消除此残余应力非常重要，将会直接关系到桁架的制作质量。

2）如采取热处理的方法进行消应力处理，由于工件较大，热处理成本较高，显得不符合实际。

3）根据类似项目的工程经验，拟采用"振动时效法"进行消应力处理。

4）振动时效工艺是给构件施加一定的周期性激振力，在激振力的作用下使构件产生振动，当动应力与构件残余应力叠加后，达到或超过构件材料的屈服极限时（$\delta_{动} + \delta_{残} \geq \delta_{屈}$），构件将产生微观塑性变形，从而降低和均化构件内的残余应力，并使其尺寸精度达到稳定。

4. 桁架整体预拼装

（1）预拼装目的　预拼装目的在于检验构件加工能否保证现场拼装、安装的质量要求，确保下道工序的正常运转和安装质量达到规范、设计要求，能满足现场一次吊装成功率，减少现场安装误差，所以预拼装在本工程加工过程中，显得尤为重要。

（2）预拼装内容　预拼装主要内容为桁架所有的弦杆、腹杆和节点的接口拼装以及与钢（管）柱连接接口的预拼，切割弦杆余量、钻孔，标记。

（3）预拼装细则

1）预拼装胎架底线必须严格按要求划线，并提交检查员验收后方可使用。

2）先定位弦杆的中间段，定位纵横向中心线及节点角度线，切割端面余量，切割余量时必须注意焊缝间隙尺寸。

3）吊上所有节点和腹杆，用安装螺栓与连接板紧固，检查所有的眼孔是否正确，否则进行补孔重新钻孔。

4）把两侧钢管柱吊上胎架定位，注意定位钢管柱的母线方向（0°、90°母线）和楼层标高线及侧面母线的左右水平度，然后与胎架定位，检查与桁架弦杆、腹杆的连接接口，焊缝间隙尺寸。

5）钻弦杆腹板的高强度螺栓孔。

6）为配合现场的安装方便，必须做好各连接接口处的对合标记、中心线、对合线、标高线、水平线标记，提交监理验收，同时做好各种数据的测量记录表，提供现场安装使用。

7）确认无误后，编号拆开进行冲砂涂装、发运。

8）发运至现场后，配合业主、安装单位要求再进行一次吊装前的整体预拼装，待业主、总承包、监理、制作方四方会签后提交给安装单位安装。

5. 大桁架预拼装测量及公差要求

大桁架预拼装测量及公差要求见表 9-4。

表 9-4　大桁架预拼装测量及公差要求　　　　　　　（单位：mm）

项目		允许偏差	检验方法	实测值
桁架最外端两个孔距离		+5.0 -10.0	钢尺检查	
桁架跨中高度		±10.0	钢尺检查	
相邻节间弦杆弯曲		$L/1000$	钢尺检查	
桁架跨中拱度	设计要求起拱	$\pm L/5000$	钢尺检查	
	设计未要求起拱	10 -5		
桁架长度		+5 -10	钢尺检查	
焊缝间隙		-2.0 +3.0	钢尺检查	
接口截面错位		2.0	钢尺检查	
桁架节间距离		±3.0	钢尺检查	
节点处杆件轴线错位		4.0	钢尺检查	

注：此表经驻厂总包、监理签字后交一份至安装现场，作为安装依据。

　　L 为桁架跨度。

9.4　钢结构加工的准备工作

1. 焊工考试

焊工是钢结构行业最重要的一个工种，必须持证上岗。我国的焊工培训主要是由原国家各部、委的企业及相关行业系统的焊接培训机构承担，例如：机械工业的压力容器焊工；船舶工业的船级社焊工（CCS）；建筑行业的劳动部门普通焊工等，其特点是焊工培训及资格证书非常不统一、不规范，且种类繁多、重复重叠、互不认可，缺乏通用性，焊工水平也良莠不齐。也有的焊工考取了美国焊接协会 AWS 焊工资格证书、美国 ASME 焊工资格证书、欧洲 EN287 国际焊工资格证书等。因而焊工证书很难充分说明该焊工就能够胜任某项工程。一方面因为焊工证书不能充分说明焊工的实际水平，另一方面因为每项工程都有其特点，有一些特殊的焊接工艺。因而会针对该项工程，对持证焊工进行专门为某项工程选拔的附加焊工考试,并颁发专门服务于某项工程的焊工证。如中央电视台新址工程和国家体育场就组织了专门针对该工程的焊工考试,并颁发了特别为该工程服务的焊工证。焊工考试应由具有相应资质的单位来组织进行,并须编制焊工考试计划,报监理审核批准。

2. 焊接工艺评定

焊接工艺评定是制定工艺规程技术文件的依据。按照现行的《钢结构焊接规范》(GB 50661)第6.1.1条,除符合本规范第6.6节规定的免予评定条件外,施工单位首次采用的钢材、焊接材料、焊接方法、接头形式、焊接位置、焊后热处理制度以及焊接工艺参数、预热和后热措施等各种参数的组合条件,应在钢结构构件制作及安装施工之前进行焊接工艺评定。

焊接工艺评定过程应由焊接结构制作安装企业根据所承担建造钢结构的设计节点形式、钢材类型、规格、采用的焊接方法、焊接位置,制订焊接工艺评定方案,拟订相应的焊接工艺评定指导书,并根据相应规程的规定制订施焊试件,由技术熟练的焊接人员施焊,焊接完成后切取试样并由具有国家技术质量监督部门认证的检测单位进行检测试验。最后根据检测结果提出焊接工艺评定报告,并应在钢结构构件制作及施工安装焊接之前完成。

焊接工艺评定合格后,由评定单位依据检验结果填写焊接工艺评定报告,连同焊接工艺评定指导书、评定记录表、评定试样检验结果表,汇总上报工程质量监督、验收部门。

3. 其他的工艺试验

1)对于首次使用的钢材,应做钢材的焊接性试验。

2)对于首次使用的焊接材料,也应进行相应的工艺试验。

3)对于在低温条件下焊接高层钢结构工程,还应做低温焊接试验,这是因为高层钢结构多采用低合金结构钢,焊条多为低氢型焊条,二者在焊接时对温度和湿度相当敏感,稍有不慎就有可能产生裂纹和延时裂纹,因而应做低温焊接试验。

9.5 钢结构加工的过程质量控制

在焊接工艺评定的基础上,各种构件的制作工艺就可以完全确定下来。构件的加工应严格按照既定的加工工艺来执行,严格控制各个环节的加工质量。在所有的环节当中,焊接应该说是一个最重要的环节。下面将对钢结构加工各个环节的质量控制要点进行说明,焊接将是重点说明的环节。

1. 放样、号料及切割

放样是钢结构制作中的第一道工序,也是至关重要的一道工序。所谓放样是指核对图样的尺寸,以1:1的比例在样板台上弹出大样,然后制作样板和样杆,作为号料、弯制、铣、刨、制孔等加工的依据。样板可采用薄钢板或塑料板制作,样杆可采用钢板或扁铁制作,当长度较短时采用木尺杆。样板、样杆上应注明工号、图号、零件号、数量及加工边、坡口部位、弯折线和弯折方向、孔径和滚圆半径等。号料也称划线，即利用样板、样杆或图样，在板料及型钢上画出孔的位置和零件形状的加工线。切割即根据钢板或型材上的加工线进行切割下料。切割的方法常用的有机械切割、气割、等离子切割三种，一般情况下，机械切割主要用于薄钢板的直线形切割，气割多用于带曲线的零件和厚钢板的切割，而等离子切割主要用于不易氧化的不锈钢材料即有色金属如铜或铝的切割。其中，气割在钢结构的制作中运用最为广泛，各种手工、半自动和自动切割机使用非常广泛。还有数控切割，是一种新型的电子计算机控制切割技术，可省去放样、划线等工序而直接切割，在大型的钢结构加工厂也在大量使用。

对于以上的放样、号料及切割工序的质量控制，应着重注意以下几点：

1）放样应采用计算机进行放样，以保证所有尺寸的绝对正确。

2）钢材如有较大弯曲、凹凸不平等问题时，应先进行矫正后再号料。

3）号料时，要根据锯、割等不同切割要求和对刨、铣加工的零件，预放不同的切割及加工余量和焊接收缩量。

4）构件的切割应优先采用数控、等离子、自动或半自动气割，以保证切割精度。

5）切口截面不得有撕裂、裂纹、棱边、夹渣、分层等缺陷和大于 1mm 的缺棱并应去除毛刺。

2. 边缘加工和端部加工

在钢结构加工中，下述部位一般需要边缘和端部加工：吊车梁翼缘板、支座支承面等图样有要求的加工面；焊接坡口；尺寸要求严格的加劲板、隔板、腹板等。边缘加工的方法主要有：铲边、刨边、铣边、碳弧气刨、气割和坡口机加工等。其中，气割是焊接坡口加工时最常采用的方法。边缘和端部加工应满足规范的容许偏差要求。

3. 零件矫平矫直

在钢板比较厚的情况下，切割过程中由于切割边所受热量大，冷却速度快，因此切割边存在较大的收缩应力；同时，国内的超厚板材普遍存在着小波浪的不平整，这对于厚板结构的加工制作，会产生焊缝不规则、构件不平直、尺寸误差大等缺陷，所以在钢结构加工组装前，应采用矫平机对钢板进行矫平，使钢板的平整度满足规范的要求（$2mm/m^2$）或更高的要求。

4. 组装

组装也称拼装、装配、组立。组装工序是把制备完成的半成品和零件按图样规定的运输单元，装配成构件或者部件，然后将其连接成为整体的过程。简单说来就是把零件装配起来进行临时固定，并对尺寸进行调整校准，为下一步的焊接做好准备。

组装的方法包括地样法、立装、卧装及胎膜装配法等。其中常用的是胎膜装配法，即将构件的零件用胎膜定位在其装配位置上的组装方法。这种方法的装配精度高，适用于形状复杂的构件，可简化零件的定位工作，改善焊接操作位置，有利于批量生产，可有效提高装配与焊接的生产效率和质量。

对于组装的质量控制，应注意以下的几个方面：

1）拼装必须按工艺要求的次序来进行，当有隐蔽焊缝时，必须先予施焊，经检验合格后方可覆盖。

2）布置拼装胎具时，其定位必须考虑预放出焊接收缩量及齐头、加工的余量。

3）为减少变形，尽量采用小件组焊，经矫正后再大件组装。胎具和装出的首件必须经过严格检验，方可大批进行装配工作。

4）板材、型材的拼接，应在组装前进行；构件的组装应在部件组装、焊接、矫正后进行，以便减少构件的残余应力，保证产品的制作质量。

5）构件的隐蔽部位应提前进行涂装。

6）对于桁架的拼装，应特别予以重视：在第一次杆件组拼时，要注意控制轴线交点，其允许偏差不得大于3mm，第一次组拼完成后进行构件的焊接。一个桁架通常会分成多个构件以便于运输，在各个构件焊接完成后，还应将所有构件一起进行整榀桁架的预拼装，对于变形超标的部位要予以调整，以保证桁架在现场能够顺利安装成功。

5. 焊接

钢结构焊接前应进行焊接工艺评定试验，并编制焊接工艺评定报告，焊接工艺评定报告应包括：①焊接方法和焊接规范；②焊接接头形式及尺寸、简图；③母材的类别、组别、厚度范围、钢号及质量证明书；④焊接位置；⑤焊接材料的牌号、化学成分、直径及质量证明书；⑥预热温度、层间温度；⑦焊后热处理温度、保温时间；⑧气体的种类及流量；⑨电流种类及特性；⑩技术措施：操作方法、喷嘴尺寸、清根方法、焊接层数等；⑪焊接记录；⑫各种试验报告；⑬焊接工艺评定结论及适用范围。焊接工艺评定合格后应编制正式的焊接工艺评定报告和焊接工艺指导书，根据工艺指导书及图样的规定，编写焊接工艺，根据焊接工艺进行焊接施工。

焊接质量控制的关键是严格按照焊接工艺的要求来施焊。重点应抓住以下的环节：

1）施焊前应复查装配质量和焊区的处理情况。对接接头、自动焊角接接头及要求全焊透的焊缝，应在焊道的两端设置引弧板和引板，其材质和坡口形式应与焊件相同。埋弧焊的引板引出焊缝长度应大于50mm，手工电弧焊和气体保护焊应大于20mm。焊后用气割切除引板，并修磨平整。

2）引弧应在焊道处，不得擦伤母材，焊接时的起落弧点距焊缝端部宜大于10mm，弧坑应填满。

3）多层焊接宜连续施焊，注意各层间的清理和检查。

4）焊条、焊剂和栓钉焊用瓷环在使用前必须按产品说明书及有关工艺文件规定的技术要求进行烘干。

5）常用的焊接方式主要包括手工电弧焊、埋弧自动焊、CO_2气体保护焊等，各种焊接方式应严格控制其焊接工艺参数。手工电弧焊的工艺规范参数有焊接电流、焊条直径和焊接层次；埋弧自动焊的工艺参数有焊接电流、电弧电压、焊接速度、焊丝直径及焊丝伸出长度等；CO_2 气体保护焊的工艺参数有焊接电流、电弧电压、焊丝直径、焊接速度、焊丝伸出长度、气体流量等。

6）环境温度在 0℃ 以上时，厚度大于 50mm 的碳素结构钢和厚度大于 36mm 的低合金结构钢，施焊前应进行预热，焊后进行后热。预热温度一般控制在 100～150℃，后热温度应由试验确定，一般后热温度为 200～350℃，保温 2～6h 后空冷。环境温度低于 0℃ 时，预热和后热温度应通过试验确定。预热区应在焊道两侧，每侧宽度均应大于焊件厚度的 2 倍，且不应小于 100mm，常用的加热方法主要有火焰加热法和电加热法，火焰加热法简单易行，电加热法则是用电加热板围在构件表面进行加热，加热温度均匀，保温效果好，应优先采用电加热法，但电加热法的投资较高。国家体育场工程和中央电视台新址工程均采用了电加热法进行预热，对于保证焊接质量非常有好处。

7）厚板的焊接过程中，须考虑防止层状撕裂的措施。防止层状撕裂须考虑钢结构的设计连接方式，以及焊接工艺与连接的材料性能一致。在可能出现层状撕裂的连接中，应通过设计保证构件最大限度的柔性和最小焊缝收缩变形。

6. 焊接变形矫正

钢结构矫正就是通过外力或加热作用，利用钢材的塑性、热胀冷缩的特性，以外力或内应力作用迫使钢材产生反变形，消除钢材的弯曲、翘曲、凹凸不平等缺陷，以使材料或构件达到平直及一定几何形状要求，并符合技术标准的工艺方法。

矫正包括原材料的矫正、成型矫正及焊后矫正等，常用的矫正方法主要是机械矫正和火焰矫正。机械矫正是通过施加外力来进行矫正，常用的矫正机械有辊式平板机、顶直矫正机、翼缘矫平机等。火焰矫正则是利用钢结构的内应力进行矫正，利用了钢材经过加热再冷却后，冷却后的长度会比原来未受热前有所缩短的特性。火焰加热采用烤枪来进行，加热方法有点状加热、线状加热和三角形加热三种方式，应根据工程需要灵活采用。

7. 消除焊接应力的措施和方法

构件焊接时产生瞬时内应力，焊接后产生残余应力，并同时产生残余变形，这是不可避免的客观规律。残余应力在结构受载时内力均匀化的过程中往往导致塑性变形区扩大，局部材料塑性下降，从而对构件承受动载条件、三向应力状态、低温环境下使用有不利影响。对于一些构件截面厚大、焊接节点复杂、拘束度大、钢材强度级别高、使用条件恶劣的重要结构要特别注意焊接应力的控制。

减少焊接残余应力的措施有：

1）尽量减少焊缝尺寸，避免局部加热循环而引起残余应力。

2）减小焊接拘束度：拘束度越大，焊接应力越大，首先应尽量使焊缝在较小拘束度下焊接。如长构件需要拼接时，要尽量在自由状态下施焊，不要待到组装时再焊，并且应尽可能不用刚性固定的方法控制变形，以免增大焊接拘束度。

3）采取合理的焊接顺序：在焊缝较多的组装条件下，应根据构件形状和焊缝的布置，采取先焊收缩量较大的焊缝，后焊收缩量较小的焊缝，先焊拘束度较大而不能自由收缩的焊缝，后焊拘束度较小而能自由收缩的焊缝的原则。

4）降低焊件刚度，创造自由收缩的条件。

5）锤击法减小焊接残余应力：在每层焊道焊完后立即用圆头敲渣小锤或电动锤击工具均匀敲击焊缝金属，使其产生塑性延伸变形，并抵消焊缝冷却后承受的局部拉应力。

6）焊后消除残余应力的方法主要有：整体退火消除应力法、局部退火消除应力法、振动法等，以整体退火消除应力法的效果最好，同时可以改善金属组织的性能。振动法一般应用于要求尺寸精度稳定的构件消除应力。

8. 焊缝的检测和焊缝的返修

焊接完成以后，应进行焊缝的检测，以检验焊缝的焊接质量。在建筑钢结构中，一般将焊缝分为一级、二级、三级共三个质量等级，不同质量等级的焊缝，质量要求不一样，规定采用的检验比例、验收标准也不一样。结构设计规范根据结构的重要性、实际承受荷载特性、焊缝形式、工作环境以及应力状态等来确定焊缝的质量等级。焊缝的质量等级一般由设计方来确定，在设计方没有明确要求的情况下，可以按照钢结构设计标准的要求来处理。

焊缝的检测分为外观检查和无损检测两项。外观检查主要是对焊缝的表面形状、焊缝尺寸进行检查，同时检查焊缝表面是否存在咬边、裂纹、焊瘤、弧坑、气孔等表面缺陷。焊缝的无损检测是采用专业的仪器对焊缝内部缺陷和表面的微小裂缝进行检查，检测方法主要有超声波探伤和磁粉探伤，射线探伤和渗透探伤因种种缺陷，目前已较少采用。

超声波检测用来检测焊缝内部缺陷。对于超声波检测，规范明确要求：一级焊缝应100%进行超声波检测，二级焊缝20%进行超声波抽检，三级焊缝则不要求进行超声波检测，只需进行表观检测即可。焊缝同时也需进行表面探伤。外观检查发现有裂纹或怀疑有裂纹时，设计要求需进行表面探伤时，均需进行表面探伤。表面探伤的手段是磁粉探伤。

焊缝检测完成后，必须出具焊缝检测报告，检测报告应具有 CMA 章，并存档备查。焊缝检测人员必须持证上岗，目前国家的焊缝检测人员认证由冶金部、住建部及钢结构行业协会组织，分为 1 级、2 级、3 级，3 级为最高等级。

经无损检测确定焊缝内部缺陷超标时，必须进行检修。返修前应编写返修方案，经相关各方批准后予以实施。同一部位焊补次数不宜超过 2 次。

9. 除锈

在钢结构构件制作完成后，应进行除锈。除锈的方法包括喷砂、抛丸、酸洗、砂轮打磨等几种方法。喷砂选用干燥的石英砂，粒径 0.63 ~ 3.2mm，除锈效果好，但对空气污染严重，在城区一般不容许使用。抛丸采用的是直径 0.63 ~ 2mm 的钢丸或铁丸，除锈效果好，可反复使用 500 次以上，成本最低，目前的使用最为广泛。酸洗是化学除锈，目前在钢结构工程中很少采用。砂轮打磨包括钢丝刷除锈都是手工除锈的方法。

除锈等级根据除锈方法的不同分为两个系列：一是采用喷砂或抛丸除锈，分为 Sa2、Sa2 $\frac{1}{2}$、Sa3 三个等级，Sa2 $\frac{1}{2}$ 为较彻底的除锈，在工程中的采用较多；二是手工或动力工具除锈，分为 St2、St3 两个等级，St3 采用较多。

高强度螺栓连接是钢结构工程中常用的连接方法，摩擦面须经过加工和处理，确保处理后的摩擦面的抗滑移系数必须符合设计文件的要求（一般为 0.45~0.55）。摩擦面的处理一般有喷砂、抛丸、酸洗、砂轮打磨等几种方法，其中以喷砂、抛丸处理过的摩擦面的抗滑移系数值较高，且离散率较小，故为最佳处理方法。处理过的摩擦面不宜再涂刷油漆，否则抗滑移系数必然降低，最高也只能达到 0.4。经过处理后的摩擦面是否达到要求的抗滑移系数值，须经过摩擦面抗滑移系数试验来确定。

10. 防腐涂装

在钢结构表面除锈完成以后，应尽快进行防腐底漆的涂装。涂装前，应编制涂装方案及涂装工艺，并满足设计文件的要求。当设计文件对涂层厚度无要求时，一般宜涂装四到五遍，涂层干漆膜总厚度应达到以下要求：室外应为 $150\mu m$，室内应为 $125\mu m$，其容许偏差为 $-25\mu m$。每遍涂层干漆膜厚度的容许偏差为 $-5\mu m$。漆膜的厚度应采用漆膜测厚仪来测量。

保证防腐涂装的质量关键是必须按照涂料产品说明书要求的涂装工艺来进行，对环境温度和湿度须加以控制。雨雪天不得进行室外作业。涂装应均匀，无明显起皱、流挂，附着应良好。

9.6　钢构件的质量验收

构件制作完成以后，必须经验收合格后才能包装发运，同时应形成完整的验收资料。构件的验收分为过程验收和成品验收两个阶段，在过程验收阶段，主要是进行加工尺寸的控制，着重进行焊缝的无损检测；在成品验收阶段，则着重对外形尺寸、外观质量等方面进行检查。

构件验收的标准是国家和行业标准、规范、设计文件及图样的要求。但因为每个工程的结构形式是千变万化的，钢结构的验收项目和标准应在满足国家和行业标准及设计文件要求的前提下，根据每个工程的具体情况来确定。如果出现了国家和行业标准规范不能涵盖的技术内容，则应专门制订针对该项目的验收标准，通过专家委员会的审查以后，报建委备案，作为该项工程的钢结构验收标准。如国家体育场工程和中央电视台新址工程都制订了针对该项工程的钢结构制作和安装的验收标准。

钢结构制作单位在成品出厂时应提供钢结构出厂合格证书及技术文件，包括：①施工图和设计变更文件，设计变更的内容应在施工图中相应部位注明；②制作中对技术文件问题处理的协议文件；③钢材、连接材料和涂装材料的质量证明书和试验报告；④焊接工艺评定报告；⑤高强度螺栓摩擦面抗滑移系数试验报告、焊缝无损检测报告及涂层检测资料；⑥主要构件验收记录；⑦预拼装记录；⑧构件发运和包装清单。以上证书、文件是作为建设单位的工程技术档案的一部分而存档备案的。上述内容并非所有工程中都有，而是根据工程的实际情况，按规范有关条款和工程合同规定的有关内容提供资料。

验收的程序是钢结构单位先进行自检，自检合格后报监理进行验收。

钢结构构件验收合格后，就可以运输到施工现场进行安装。

本章工作手记

本章讨论了钢结构加工的质量管理流程及各技术环节的质量控制要点。

钢结构加工的管理流程	质量管理流程图
钢材的质量控制	钢材订货的技术条件；钢材的复验
钢结构加工方案	加工方案的两个示例：厚板 H 型钢制造工艺；大桁架的加工制作工艺
钢结构加工的准备工作	焊工考试；焊接工艺评定；其他的工艺试验
钢结构加工的过程质量控制	放样、号料及切割；边缘加工和端部加工；零件矫平矫直；组装；焊接；焊接变形矫正；消除焊接应力的措施和方法；焊缝的检测和返修；除锈；防腐涂装
钢构件的质量验收	形成完整的验收文件

第 10 章　钢结构的安装

本章思维导读

　　钢结构安装是钢结构工程最后一步，也是最关键的一步。如何保证安装质量，首先必须要遵循安装质量管理流程，第二，要编制一个技术先进、安全而可靠的安装方案，并严格按照安装方案来实施。本章将从安装方案的编制及安装质量管理流程的各个环节入手，讨论如何来保证钢结构安装的工程质量。

10.1　钢结构安装的质量管理流程

　　保证钢结构安装质量及成功的关键是严格遵循质量管理流程，对流程中涉及的每一个技术环节都要认真准备、精心实施。

　　钢结构安装质量管理流程图如图 10-1 所示。

10.2　钢结构安装方案

　　钢结构安装方案是指导整个钢结构安装的纲领性文件，它应包括以下内容：

　　1）施工现场的平面布置，包括堆放场地、构件倒运安排、车辆的行走路线、塔式起重机的布置等。

　　2）钢结构现场焊接的工艺和技术措施。

　　3）现场施工测量的方案和技术措施。

　　4）钢结构吊装的方法和安装工艺。

　　5）冬雨期的施工方案和技术措施。

　　6）进度计划和安全措施等。

　　其中 2）、3）、4）项是方案中最重要的部分。

　　下面给出两个钢结构安装方案的实例，供读者来理解钢结构安装方案的编制过程及要点。

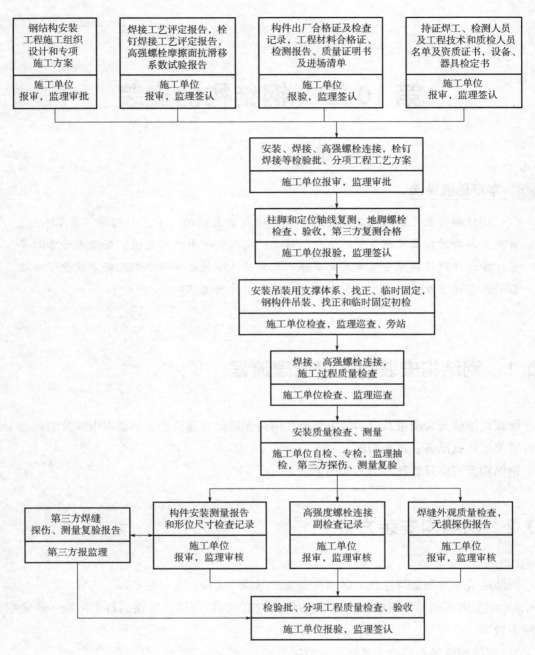

图 10-1　钢结构安装质量管理流程图

10.2.1　安装方案实例一：中央电视台新址工程主楼超大悬臂钢结构安装方案要点介绍

1. 工程概况

中央电视台新址工程主楼由 9 层的裙楼、两座双向倾斜 6° 的塔楼 1 和塔楼 2 以及悬臂区域，共四部分组成。塔楼 1 和塔楼 2 的外筒钢结构从三十七层开始向外延伸，形成折形门式悬臂结构体系。其中，塔楼 1 外伸 67.165m，塔楼 2 外伸 75.165m。悬臂结构底标高 162.200m，共有 14 层，宽 39.1m，屋面倾斜，最高处为 56m。悬臂钢结构总重超过 1.8 万 t，加上混凝土、幕墙、装饰等荷载，整个悬臂约为 5.1 万 t。

悬臂结构主要由外框筒、底部转换桁架和内框架组成，并且转换层采用了 6~20mm 厚钢板组合楼面。

钢构件主要采用 Q390 钢材，局部节点区域采用 Q420D 和 Q460E，大部分构件的板厚在 40mm 以上，最大板厚达 100mm。

主要构件有：双向倾斜 6°~8.45° 的外框蝶形节点钢柱；底部 15 榀连接外框的巨型转换桁架和倒 L 形多接头重型边梁；内筒 H 型钢柱、钢梁。整个悬臂钢构件数量达 6000 多件。

悬臂底部由 15 榀重型转换桁架跨越三十七层~三十九层，支撑于外框结构，主要承担内框结构荷载。转换桁架高 8.5m，长 38.592m，单榀重达 245t，主杆件均为箱形截面，靠近塔楼 1 和塔楼 2 分别为 2 榀、3 榀桁架，悬臂端部纵横各 5 榀桁架正交，如图 10-2~图 10-6 所示。

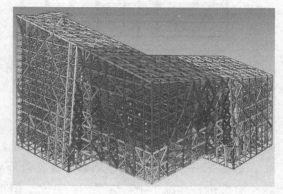

图 10-2　悬臂整体结构

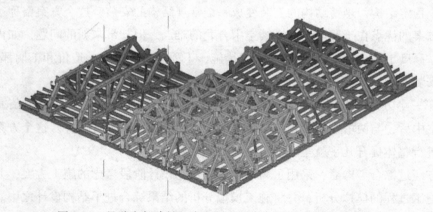

图 10-3　悬臂底部跨越三十七层~三十九层的 15 榀转换桁架

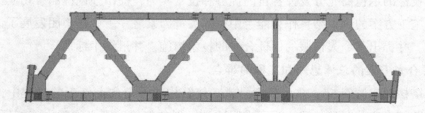

图 10-4　典型的转换桁架（将悬臂各楼面的荷载转换到外筒结构上去）

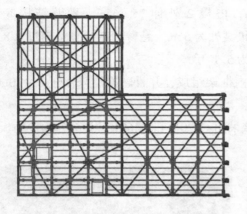

图 10-5　悬臂三十七层结构平面布置图

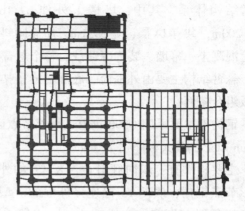

图 10-6　悬臂三十九层结构平面布置图

2. 安装方案的确定

在设计阶段，对悬臂结构如何安装，一直是各方关注的重点。业主方专门邀请了施工可建性顾问，提出了多个悬臂结构安装的方案，主要为如下三个方案：

（1）第一个方案　两座塔楼悬臂各自分离安装、逐步阶梯延伸、空中阶段合龙的方案，这个方案也是在施工中最终采用的方案，但当时对这个方案也有不少的质疑，质疑的关键在于，如何保证两个塔楼在空中能够同时多点准确合龙。

（2）第二个方案　在悬臂底部再建一座塔楼，与塔楼 1 和塔楼 2 三足鼎立，使整个结构变成一个稳定结构，悬臂结构的安装变成一个常规结构的安装，这个方案俗称三条腿的方案。这个方案的优点在于回避了两塔楼空中合龙的难点，但却带来新的问题，如再建一个钢结构塔楼，高度 160m，仅仅作为施工临时措施，工程量的确很大，造价和工期都难以保证，而且悬臂安装完成后如何卸载，也是一个难点。

（3）第三个方案　将悬臂底部的两层，即悬臂受力转换结构，在地面组装完成后，整体提升至空中后，与两塔楼对接焊接，在此基础上再安装其余悬臂构件。这个方案的问题更多，如何进行整体提升几乎就是一个无法解决的难题。

设计方经过综合考虑后，采用了第一个方案作为设计阶段考虑的施工方案，并根据此方案进行了施工过程的模拟分析，并将施工模拟分析的结果综合进了结构设计之中。

在施工承包商招标的过程中，也并未限定施工承包商必须按照第一个方案来进行投标，而是要求各投标的承包商充分发挥各自的优势和技术实力，提出独创性的、切实可行的施工方案，并将施工方案的评审结果作为能否中标的关键因素之一。中建集团发展了设计方提出的合龙方案，并提出了令人信服的保证合龙的技术措施，并最终中标。

3. 悬臂合龙方案的总体思路和工程的难点

由于两塔楼双向倾斜6°，并大跨度悬挑，使结构在不断向上施工的过程中，会不断产生倾斜，使其偏离安装时的位置。为了克服这种倾斜的趋势，则必须预先施加反向的变形，虽然结构施工时仍然在不断地倾斜，但由于施加了反变形，两者相互抵消，到结构施工完毕时，其位形恰好是结构设计的位形。

上述的原理虽然说来简单，但由于整个结构由成千上万根构件组成，必须按照从下至上的顺序逐根、逐层来安装，使整个位移和变形控制的过程变得非常复杂。在结构安装之前，便对整个安装过程进行了非常详细的施工过程模拟分析，找到了每根构件在空间的安装位置。但在工程施工过程中，实际情况要远远比计算假定的条件复杂，因而在施工过程中根据实际情况对安装位置进行微调也是很有必要的。

施工过程中的主要工作就是通过技术手段来保证将每根构件安装到它们既定的位置。到悬臂合龙位置的时候，如何确保多点迅速、准确合龙是本工程最大的难点。必须迅速是由于两座塔楼及其相连的悬臂构件在合龙前是分别独立施工的，由于环境温度、阳光照射、风荷载等因素，使两塔楼在合龙的接口之间会产生相对的位移，时间越长，这种相对位移越大，因而必须尽快合龙。合龙后迅速完成接口的焊接工作，确保合龙点的强度能够抵御两塔楼之间的相对位移。因而第一次合龙的点也不能太少，否则难以形成足够的强度，通过计算后，第一次合龙选择了 7 个点同时合龙。确保多点同时准确合龙的措施是，在每个合龙口，预留了一根合龙构件，构件长度约为 6m，在正式合龙前的一个星期，对合龙口两侧接口之间的相对变形情况进行了持续不断的观察，弄清了接口之间的相对变形规律，然后选定某个时段，根据这个时段两个接口之间的相对长度和角度，对预留的合龙构件进行准确的下料切割。最后合龙时，在预定的时段，将切割好的构件吊装就位，采用高强销轴，一次性合龙成功。

原理虽然讲来简单，但实施的过程却是非常复杂，工作量巨大，也碰到许多难以预料的问题，整个安装过程，包含大量的工程技术人员和工人们长时间的、艰苦而细致的劳动。

工程的技术难点主要包括以下几个方面：

1）结构施工全过程模拟分析和结构预调值分析。

2）构件的运输和吊装。

3）构件的高处焊接。

4）构件安装的测量和定位技术。

5）悬臂合龙的技术措施。

4. 悬臂合龙的阶段划分

悬臂合龙采用了"两塔楼相连的悬臂各自独立安装、逐步向前阶梯延伸、空中阶段合龙"的安装方法。按照悬臂外框钢柱、水平边梁以及斜撑构成的稳定结构体系，将悬臂分成三个阶段进行安装，具体如图 10-7 ~ 图 10-10 所示。第一阶段：两塔楼悬臂分离施工→三十七层 ~ 三十九层首先 7 点合龙→完成 10 点合龙；第二阶段：逐跨阶梯延伸安装→三十七层 ~ 三十九层的转换层结构全部完成；第三阶段：合龙后，三十九层以上内外结构逐跨延伸安装→完成全部悬臂结构。

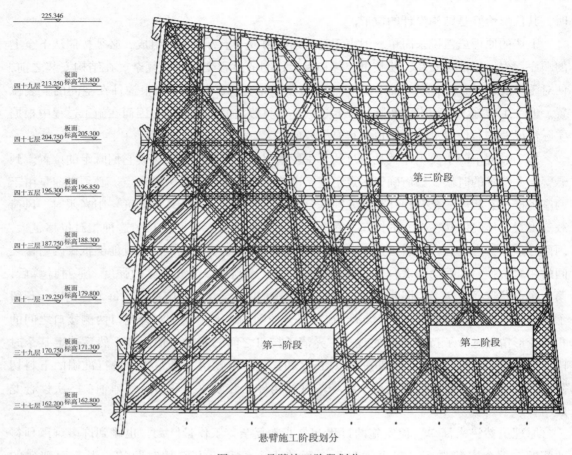

225.346

四十九层 213.250 _{板面} 标高 213.800

四十七层 204.750 板面 标高 205.300

四十五层 196.300 板面 标高 196.850

四十三层 187.750 板面 标高 188.300

四十一层 179.250 板面 标高 179.800

三十九层 170.750 板面 标高 171.300

三十七层 162.200 板面 标高 162.800

第三阶段

第一阶段   第二阶段

悬臂施工阶段划分

图 10-7　悬臂施工阶段划分

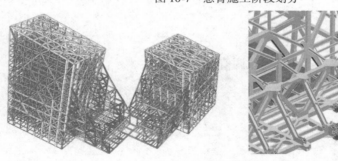

图 10-8　第一阶段：7 点合龙→10 点合龙

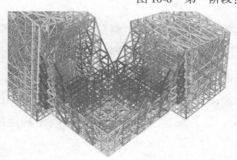

图 10-9　第二阶段：转换层结构全部完成

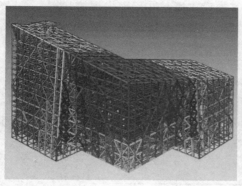

图 10-10　第三阶段：悬臂结构全部安装完成

5. 结构预调值分析和结构施工全过程模拟分析

　　由于结构整体倾斜和悬挑，结构构件在分段安装过程中，后面安装的构件会导致前面安装的构件不断变形，偏离初始安装的状态，如果结构一开始便按照设计要求的位置进行安装，则最终的结果会偏离设计要求的位置，为了消除这一影响，必须进行反向变形预调。结构预调值分析的过程，就是根据设计参数建立结构整体有限元模型，按施工步骤进行动态跟踪分析。由于合龙前后结构的受力状态是不同的，所以分析过程分为合龙前和合龙后两个阶段，两个阶段都采用了正装迭代法进行预调值分析，最终是从设计状态出发，求得了结构合龙状态和结构安装

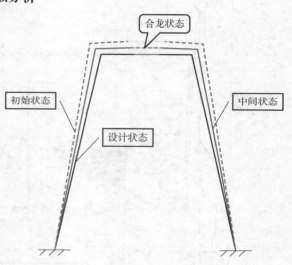

图 10-11　施工过程模拟分析的四个状态

的初始状态（图 10-11），以及各施工中构件的安装位形，通过安装位形即可确定各构件的加工预调值和安装预调值。加工预调值主要调整构件的加工长度，安装预调值则主要调整构件的安装角度。预调值的分析结果是指导整个结构加工和安装的纲领性文件之一。

　　在悬臂施工阶段，还采用 XSTEEL 钢结构深化设计软件将悬臂安装所需的各项临时稳固措施和定位校正措施纳入悬臂深化设计模型，采用 SAP2000 有限元软件建立施工各步骤、各阶段的力学计算模型，模拟相应的施工荷载、日照、温度、风载以及其他专业施工状况，以最不利工况条件分析各阶段结构变形和受力特征，确定出各临时措施的工作性能，从而判定安装步骤、分区分跨、阶梯延伸安装、阶段合龙的可行性和安全性，以及施工过程中构件位移的动态变化，用以指导施工。

　　同时，通过计算机模型确定临时安装措施的布设位置、截面规格和长度，为悬臂构件安装定位的准确性创造条件。

主要模拟分析的工况有：①单杆件就位；②加设支撑；③局部未焊接状态；④局部焊接成型状态，单元未焊状态；⑤单元焊接成型状态；⑥支撑拆除状态；⑦合龙过程的状态；⑧全部成型的状态。

6. 构件的运输与吊装

由于本工程的构件重量大，形状复杂，吊装前需将构件运输到靠近塔楼的位置，因而在紧邻每个塔楼的位置，都修建了吊装平台和钢结构运输通道（钢栈桥），如图 10-12 所示。

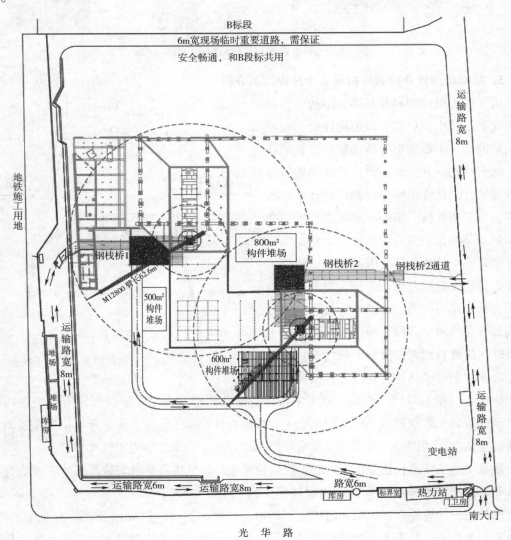

图 10-12 悬臂安装阶段现场平面布置图

构件吊装使用了大型的动臂式塔式起重机，具体见表 10-1。

表 10-1

施工区域	塔式起重机配备	臂长/m	塔身高度/m	备注
塔楼 1	1 台 M1280D 动臂式塔式起重机	73.4（塔楼施工及悬臂初始施工）	48（固定阶段）	开始安装为固定式，后变为内爬，核心筒施工至四十一层换位重新安装
			56（爬升阶段）	
		82.6（悬臂施工移位臂长换成 82.6m）	56	
	1 台 M600D 动臂式塔式起重机	55	48（固定阶段）	开始安装为固定式，后变为内爬
			56（爬升阶段）	
塔楼 2	1 台 M1280D 动臂式塔式起重机	73.4（塔楼施工）	60（悬臂安装阶段）	开始安装为固定式，后变为内爬，核心筒施工至三十九层换位重新安装
			48（固定阶段）	
			56（爬升阶段）	
			60（换位安装后）	
	1 台 M600D 动臂式塔式起重机	55	48（固定阶段）	开始安装为固定式，后变为内爬
			56（爬升阶段）	
裙楼	2 台 M440D 动臂式塔式起重机	55	40（开始施工阶段）	固定式塔式起重机
			60（6 层设置附着后）	

　　根据吊装设备的最大起重性能和安装定位的便利性，对悬臂底部三十七层、三十九层结构进行了合理分段，并制订出详细的安装顺序进行配套供应。

7. 构件的高处焊接

　　本工程构件的截面复杂，使用的钢板厚度基本以 50mm、60mm、80mm、90mm 为主，钢材等级以 Q390D 为主，导致焊接量庞大，节点部位结构形式复杂，焊缝集中，且均要求焊透，导致焊接难度很大，是本工程主要的难点之一。为了解决焊接问题，主要采用了以下方法：

　　1）制订全面的构件焊接工艺措施。

　　2）加强温度控制，严格按照焊接工艺要求进行焊前预热和焊后后热，并采用了电加热的方法来进行预热、后热。

　　3）加强过程控制：要严格按照焊接工艺来施焊，同时坚持多层多道焊，并加强对焊接过程的中间检查。

　　4）加强焊后的无损检测，除了采用超声波进行检查外，还采用了磁粉探伤的方法对近表面的裂纹进行检测，并进行了施工单位自检，第三方检测等多道检验。

　　5）对结构的节点设计进行优化：主要在深化设计过程中，对构件分段、节点设计进行了优化，使之减少焊缝焊接时的拘束度。

　　工程现场焊接主要采用半自动 CO_2 气体保护焊，并在悬臂底部设置多功能大型移动操作平台，保障作业安全。

8. 构件安装的测量和定位

　　通过结构的预调值分析，得到了结构在空间的安装位置，下一步就是如何保证将构件能够准确地安装到既定的位置上去，测量和定位是关键。

悬臂底部构件以悬挑边梁和桁架下弦为主要基础构件，因所在部位特殊，连接接头较多，构件截面不规则性较强，单件最重达41t，单件长约10m。要保证大、重型复杂构件在悬挑状态下的准确就位和空间稳定性，为其他构件安装提供良好的连接基准点，直至最终顺利合龙，就需要有可靠的临时支撑系统和定位校正系统。因此施工中主要采用了斜拉双吊杆与水平可调刚性支撑相结合的精确定位工艺。

对于重达约40t的超大型钢构件的悬挑安装就位，为便于控制构件的平、立面空间位置，在水平方向上采用设有大吨位双向调节装置的钢管支撑和临时螺栓卡板定位，在竖向上采用高强钢拉杆、液压千斤顶装置和可调钢管支撑进行稳固和张拉校正。采用高精度全站仪进行三维坐标观测，充分利用塔式起重机的计算机自动控制起重量的功能，在塔式起重机、大吨位调节支撑和高强钢拉杆三者统一协调配合下进行测量校正，实现悬挑构件的精确定位，如图10-13所示。

图 10-13　悬挑构件的精确定位示意图

所有水平、竖向刚性支撑与结构深化设计一同考虑，作业时预先设定好定位尺寸，以提高就位的准确性，提高作业效率。临时钢管支撑、钢拉杆与结构本体连接均采用高强销轴连接，便于装拆、周转使用。

安装前，在地面将作业操作架、安全防护以及相关稳固定位措施组装到构件上，随同构件一起吊装就位。

构件的准确定位离不开测量，工程中采用智能全站仪和GPS技术相结合进行测量校正，对关键步骤和关键部位进行应力应变监测，以及结构变形监测，特别是悬臂合龙时的监测，确保了构件就位准确和悬臂合龙的成功。

9. 悬臂合龙的技术措施

悬臂合龙是央视新址主楼最大的技术难题之一，其构件应力和位移控制是实现结构准确、完全合龙和完工质量目标的关键。受结构倾斜和悬臂延伸安装影响，部分悬臂构件在合龙的传力方向会发生改变，而且安装预调较大，结构变形与应力变化的不确定性因素较多，特别是温度、日照对构件变形影响较大，这些都需要模拟最不利工况，对悬臂合龙前后结构的安全性进行计算分析，制订可靠的合龙方式和相关技术措施，以确保悬臂顺利合龙。

（1）合龙位置选择　经过多种方案比较，合龙位置选择悬臂转折区域。主要分三次由内侧向外侧依次完成底部转换层结构。具体如下：①第一次合龙：外框与转换桁架下弦共七根构件相连；②第二次合龙：补装第一次合龙区域的剩余构件；③第三次合龙：转换层最远端封闭连接完成。其中第一次合龙最关键，它是后续合龙的基础，第一次合龙点选择外框和桁架下弦处关键受力杆件，以下主要阐述第一次合龙工艺。

（2）合龙流程　合龙前后的安全分析→选定初次合龙位置→设计临时合龙连接接头→合龙前后结构变形和应力应变监测→确定合龙时间→安装合龙构件，固定一端→观察合龙间隙变化情况→合龙间隙达到要求，快速连接固定合龙构件的另一端→在测量实时检测下，对合龙构件进行焊接固定，先焊接一端，冷却后再焊接另一端。

（3）临时合龙连接接头设计　由于悬臂合龙构件在合龙过程中，在不利工况下内力最大达到 4975kN，而合龙构件为高强厚板全熔透焊接连接固定，焊接质量高，时间长，每个焊接点需要两名焊工至少连续焊接 16h 才能完成，构件两端受工艺限制，不能同时焊接。为了保证两段悬臂能在最短的时间内连接上，避免受日照、温度、风载等外界因素影响，需设计临时的合龙连接接头。经过计算，合龙构件端部两侧和下方设置 3 块高强销轴连接卡板，卡板材质为 Q235B，厚 70~120mm；销轴材质 40Cr，直径为 71~121mm，临时合龙连接接头如图 10-14 所示。

（4）合龙时间选择　在合龙前，经模拟气候条件计算分析表明，悬臂合龙点的变形受日照和温度变化影响最大，在 25℃ 温差情况下，合龙点水平最大变形 25mm，竖向最大变形 5mm；在日照作用下，水平最大变形 23mm，竖向最大变形 2mm。而实际施工正值 11 月下旬至 12 月初，大气温度在 −4~8℃，温差变化最大为 10℃，这对合龙非常有利。

通过实际观测，合龙点间隙和标高昼夜变化量在 3~12mm 以内，特别是在早上

图 10-14　临时合龙连接接头

6：00~9：00 和夜间 21：00~00：00，合龙点间隙和标高变化相对稳定，变化量小。随着温度升高，合龙间隙减小；温度降低，合龙间隙增大。因此，通过一周的连续观察，选择阴天早上 6：00~9：00 进行合龙，随着白天温度升高，合龙构件处于轴向受压状态，对临时合龙接头连接件受力和保证焊接质量有利。

（5）合龙技术要点

1）悬臂外框和转换桁架必须按照预调值和安装步骤进行工厂预拼装，这是整个悬臂安装顺利和精度控制的前提。

2）严格按照实际工况进行模拟计算分析，利用不同计算软件，相互校核，确保分析的准确性。

3）悬臂安装严格按照计算分析的工况进行，在焊前、焊中、焊后实施监测构件变形和结构应力应变。

4）采用高精度激光铅直仪从地面进行平面基准控制点位传递，采用高精度全站仪进行高程传递，并采用 GPS 全球卫星定位技术进行基准点位的校核，保证悬臂结构的安装精度，确保快速、准确地合龙。

5）采用具有自动捕捉跟踪功能的智能全站仪进行上一跨悬臂结构的变形监测，将实测结果与理论分析对照，确定下一跨结构的安装坐标，逐步消除累积误差。

6）与气象台保持紧密联系，掌握 10 天之内的气候预测情况，合理安排好施工进度。在一周内对合龙点进行两次 24h 连续观测，找出合龙点间隙变化与温度的关系，并且在每天上午 9：00 和下午 15：30 对合龙点间隙、连接端面的三维坐标进行连续观测，以便在工厂对合龙构件的长度和断面接口角度进行及时修正，并根据现场实测数据，对临时合龙连接接头的卡板进行套模钻孔。

7）合龙过程持续的时间越短，对结构的安全就越有利，因此，为了保证在 24h 内完成合龙构件的最终焊接固定，必须提前将构件吊装就位，用高强销轴连接卡板固定构件一端，构件另一端处于自由状态，并观测焊缝间隙的变化情况。在第二天早上预定时间内，将所有合龙构件的另一端同时用销轴临时固定，并楔入连接销键使销轴与连接板连接紧密，防止焊接时焊缝受力。

8）在合龙构件焊接完成后，及时插入安装合龙区域的其他关键受力构件，减少合龙构件的受力，提高结构的安全度。

10.2.2　安装方案实例二：TVCC 大桁架整体提升方案

1. 工程概况

中央电视台新址工程 B 标段建筑面积 10 万 m^2，主楼结构为现浇框架 – 剪力墙体系，框架柱为型钢-混凝土柱，W4 和 W5 楼梯筒体为型钢-混凝土剪力墙结构，W1 为钢筋混凝土结构。

从标高 129.750m 至 137.720m（二十九层、三十层和三十一层钢梁顶标高）为 6 榀高达 8m 的钢桁架，桁架跨度最大约 40m，分别支撑在 W4、W5 和 W1 核心筒墙体上，在桁架 HJ31-1、HJ31-2 下设 10 根吊柱，悬挂着两层二十六层、二十七层钢结构。

主楼西侧楼梯井筒（W4、W5）之间设置了巨型圆钢管交叉支撑和水平桁架，钢支撑的布置方式使得原来开口的 C 形平面形成封闭。钢支撑每 10 层（五层、十五层、二十五层共 3 层）设水平桁架与楼梯井筒体（W4、W5）结构相连，在底部与基础相连，如图 10-15 所示。

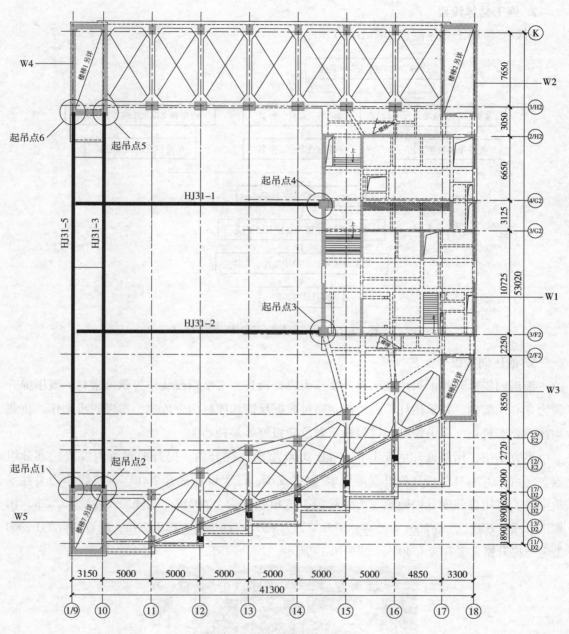

图 10-15　桁架平面布置图

本方案主要是提升安装就位上标高点在 137.72m 的钢桁架和主楼西侧的二十五层（117.15m）和十五层（77.15m）两道钢支撑。提升桁架主要由 HJ31-1、HJ31-2、HJ31-3、HJ31-5 四榀组成，桁架为 4 层空间钢结构，标高由 1221.75m 到 137.75m 不等，钢桁架重量为 640t。西区支撑包括二十五层（117.15m）和十五层（77.15m）两道水平桁架和上半部分斜撑，总重量 200t。桁架在五层楼面拼装成整体，利用液压提升器，提升就位。

2. 施工总体流程

桁架安装施工总体流程如图 10-16 所示。

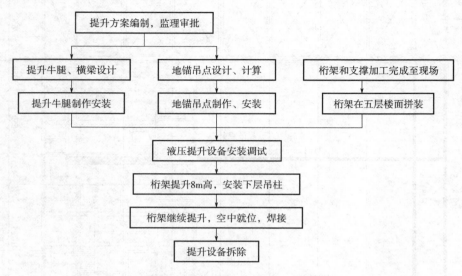

图 10-16 桁架安装施工总体流程图

3. 液压同步提升工艺

液压同步提升技术采用液压提升器作为提升机具，柔性钢绞线作为承重索具。液压提升器为穿心式结构，并采用计算机控制，通过数据反馈和控制指令传递，实现同步动作、负载均衡、姿态校正、应力控制、过程显示和故障报警等多种功能。

本方案中，桁架提升系统由 6 台 TJJ-2000 型液压提升器、提升地锚及钢绞线三部分组成。每台 TJJ-2000 型液压提升器配置 18 根钢绞线，最大设计提升 200t。钢绞线作为柔性承重索具，采用高强度低松弛预应力钢绞线，抗拉强度为 1860MPa，单根破断拉力为 26t。桁架提升重量 640t，6 台 200t 提升器总提升能力为 1200t。两道斜支撑重 200t，配置两台 TJJ-2000 型液压提升器，提升能力 400t，如图 10-17 所示。

图 10-17 TJJ-2000 型液压提升器

提升中并配置一套计算机同步控制系统。

4. 施工步骤

1）编制整体提升方案，其中液压同步提升系统由专业公司来编制和实施，方案取得监理的审批认可。桁架施工前，主体混凝土结构已施工完成，如图 10-18 所示。

2）利用塔式起重机先高处安装各提升桁架固定于核心筒 W1、W4、W5 上的端部构件，以便将来和提升起来的桁架进行高处对接安装。

3）利用塔式起重机将提升牛腿吊到屋顶，并进行安装就位，如图 10-19、图 10-20 所示。

图 10-18　桁架施工前，主体混凝土结构已施工完成

图 10-19　安装 W1 上的提升牛腿

图 10-20　安装 W5 上的提升牛腿

4）在五层楼面搭设胎架，开始拼装准备提升的桁架，桁架各焊缝应经过无损检验合格，如图 10-21 所示。

图 10-21　桁架在五层楼面上拼装完成

5）安装液压提升器和同步提升系统，并连接钢绞线。在设备安装完成并检查无误后，先进行预加载，使每根钢绞线都处于相同的张紧状态，如图 10-22 所示。

图 10-22　安装钢绞线及牛腿上安装液压千斤顶

在桁架提升离开胎架后，停止提升，保持 24h，确保各种结构设施稳定、安全后，再继续提升。

6）桁架整体提升 10m 后，安装桁架下部的吊柱及连梁，使这些构件能够同步提升，如图 10-23 所示。安装的时间尽量要短。

7）桁架整体提升就位后，与已安装的桁架端部构件进行焊接连接，焊缝检验合格后，松开钢绞线，如图 10-24 ~ 图 10-26 所示。

图 10-23　桁架下部吊柱及连梁安装　　　图 10-24　提升就位，W5 桁架端部对接安装
完成后继续起吊

图 10-25　提升就位，W1 桁架端部对接安装　　　图 10-26　桁架整体提升完成

10.3　钢结构安装的准备工作

1. 焊接工艺评定

与钢结构制作一样，钢结构安装也须进行焊接工艺的评定，因为在施工现场的焊接方法
不同，接头形式也不一样，焊接位置也是多种多样，有立焊、斜焊，甚至仰焊等，必须按照

规范规程的要求进行焊接工艺评定。首先应编制专项的焊接工艺评定方案，然后组织进行焊接工艺评定，确定出最佳的焊接工艺参数，以指导施工现场的焊接。组织进行焊接工艺评定的程序及方法与钢结构加工的程序及方法是一致的。在焊接工艺评定的基础上，还应编制专门的焊接专项作业指导书来指导施工。

2. 劳动力的准备

尤其是特种技术工人，包括电工、焊工、起重工、架子工、测量工，都必须持证上岗。其中焊工是紧缺工种，对技术的要求也高，必须提早考虑人员的落实。对一些重要的项目，还要根据项目的具体情况，对持证焊工进行附加考试。焊工首先必须是取得焊工证，然后要针对工程的实际特点、具体的焊接方法、接头形式和焊接位置等，制作相应的试件，对持证焊工进行附加考试。对通过附加考试的焊工颁发针对该项工程的合格证书，才能够参加该项工程的焊接工作，这是目前行业内通行的做法，如国家体育场工程和中央电视台新址工程都组织了附加的焊工考试，对保证钢结构焊接的质量非常重要。

焊工考试应由具有资质的焊工考试委员会主持进行，考试前应编制考试计划，确定考试内容，报监理认可方可实施。

3. 钢结构安装的技术准备

技术准备包括熟悉图样和组织图样会审。对于钢结构安装的验收标准，一般以国家标准和规范以及设计文件的要求为准，超出规范和标准要求的部分与钢结构加工一样，须编制针对该项工程的验收标准，经专家委员会审查后，报建委备案，作为该项工程的钢结构安装验收标准。

4. 定位轴线、标高的复测

对柱脚采用螺栓连接的，应对预埋螺栓的轴线和标高进行复测、检查，合格后才能交付安装。对于测量所采用的经纬仪、全站仪、水平仪、激光铅直仪以及钢尺等测量仪器和用具，使用前须通过国家检测部门的检测，并应定期送检，以保证检验仪器和用具在使用有效期内。

5. 施工机械的准备

施工机械的准备中，塔式起重机的选型和布置是至关重要的，应重点予以考虑，应重点考虑以下的原则：

1）必须覆盖所有的施工作业区，尽可能不出现盲区。施工过程分为不同的阶段，如基础施工阶段、地上结构施工阶段等，塔式起重机的布置和使用应尽可能满足各阶段的使用，同时要考虑构件运进施工场地以后的卸车路线、卸车点、堆放场地、起吊场地的吊装覆盖范围。一方面要考虑塔式起重机的臂长，另一方面还要考虑塔式起重机的起重性能，总之，一旦塔式起重机树立起来，就应该最大限度地满足现场施工的需要。

2）根据构件分段要求，确定所选塔式起重机的起重性能：构件的分段和塔式起重机的起重性能是相互关联的矛盾体的两个方面，构件的分段一方面要考虑塔式起重机的起重性能，另一方面还要考虑构件工厂加工分段的合理性，同时尽量减少在施工现场的焊接工作量，满足结构的要求等。而塔式起重机的起重性能则要依据构件的重量和起吊半径来确定，最终选择的结果必须确保在构件的分段（构件的重量）和塔式起重机的性能之间达到一种平衡的状态。

塔式起重机分为动臂式和固定臂式两种，动臂式目前在国内较少采用，以澳大利亚的 FAVICO 公司为代表，它所生产的动臂式塔式起重机以型号 1280D、600D、440D 为代表，在一些大型的公用建筑工程中得到了广泛的采用，如上海环球金融中心、中央电视台新址工程、北京国贸三期工程都采用了上述的塔式起重机。固定臂式塔式起重机在国内的使用范围极为广泛。

3）根据工程的特点，确定塔式起重机的固定方式：塔式起重机的关键是防止失稳，有两种方式：附着式和爬升式。对于高层建筑结构，多采用爬升式，即塔式起重机附着在高层建筑的核心筒内部，随着建筑的升高而不断爬升。附着式在多层建筑和低层建筑施工中采用较多，多附着在建筑外部，通过多道支撑和建筑联系在一起，以保证塔式起重机的平衡。

4）在施工现场使用的塔式起重机一般较多，必须考虑各塔式起重机之间的协同作业：一方面是安全的要求，各塔式起重机之间的工作范围常常有重合的地方，绝不能发生碰撞，否则造成的后果是灾难性的，应通过对塔式起重机臂的限位措施来实现。另一方面需要各塔式起重机之间相互协同作业，共同完成起吊作业，如工程中常用的抬吊，即是采用两台塔式起重机共同来完成起重任务。但必须注意的是：抬吊是一项非常危险的操作，在吊装过程中应尽量避免采用，若必须采用的话，必须编制专项的技术方案，着重控制两塔式起重机吊装过程中的同步性，若两塔式起重机同步性出现问题，必然出现塔式起重机受力的变化，很容易导致塔倒人亡的惨剧。

5）在可能的情况下，应提前考虑塔式起重机的拆除方案：对于高层建筑的施工，塔式起重机的拆除绝非易事，应提前考虑塔式起重机的拆除方案。工程中一般采用一台小塔来拆大塔，再安一台更小的塔来拆小塔，直到最小的吊具可以通过电梯或擦窗机拆卸下来。工程中应针对每个工程项目的具体情况制订专项的塔式起重机拆除方案。

6）塔式起重机的维护方案：塔式起重机的使用贯穿整个钢结构安装工作的始终，是整个钢结构安装工作的生命线。维持塔式起重机在整个安装过程中的正常运转是安装工作的头等大事。许多工程经验表明，塔式起重机在使用过程常常会发生这样那样的故障，甚至断裂、倾覆的事故，给工程的进度带来的影响是巨大的。在安装工程一开始，就应该编制塔式起重机的维护方案，并在施工过程中严格加以实施，确保塔式起重机在整个安装过程中的正常使用。

6. 地锚的埋设

在底板和楼板施工的时候，应埋设地锚，地锚一方面可以用来固定混凝土墙柱施工的模板，另一方面，可以用来拉设缆风绳，用缆风绳来临时固定钢结构构件。地锚一般采用 U 形钢筋锚入楼板来实现。

7. 高强预应力锚栓的复检

主要是应按照规范要求进行高强螺栓摩擦面抗滑移系数试验。

10.4　钢结构安装的过程质量控制

钢结构的形式很多，包括网架、桁架、重钢结构的柱、梁、撑等，而且每个项目的情况也是千变万化，钢结构构件的形式各不相同，必须针对每个项目的具体情况制订专门的吊装方法和安装工艺，这也是最能体现安装单位施工水平的地方。

对于网架来说，主要分为螺栓球网架和焊接球网架两种形式。安装的方法包括整体提升法、高处散拼法、分条分块安装法、高处滑移法、逐条积累滑移法、整体吊装法、整体顶升法等多种吊装方法，可根据工程的实际情况灵活选用。

桁架的安装方法包括单榀吊装法、整体吊装法、顶升法、滑移法等，其中整体提升法在大型桁架的安装中经常采用，如北京西客站塔楼巨型桁架安装，中央电视台新址工程电视文化中心工程的屋顶四榀桁架采用了液压整体提升技术同步提升。

钢结构的安装工艺与具体的安装方案密切相关，在确定安装工艺之前，应对结构的安装方案进行全面筹划，明确安装的步骤和程序。下面重点对高层钢结构的安装工艺进行详细说明，安装工艺一般来说分为以下几步：

1. 构件的进场验收

构件进场以后，安装和加工之间应办理交接验收，应对构件的外形尺寸，螺栓孔直径及位置，连接件位置及角度，焊缝、栓钉焊、高强度螺栓摩擦面加工质量，构件表面的油漆等进行全面检查，在符合设计文件或有关标准的要求后，方能进行安装工作。

2. 吊装的准备工作

在吊装之前，需要做大量的准备工作，一般说来包括：

1）应在构件表面进行包括划线（作为测量依据），安装吊耳，临时固定耳板，安装临时固定缆风绳等工作。

2）在结构吊装前，根据安装需要须安装临时支撑如胎架、支架等临时构件，在构件就位固定后再加以拆除。

3）吊装机械应加以检查，以保证运转良好，吊装之前就位，必要时应进行试吊以保证成功。

4）在吊装之前，应对安装人员进行全面深入的交底，确保人员领会安装意图，能够协同工作。

5）明确现场吊装时的统一协调指挥机制和指挥方式，确保所有参与人员能够统一行动，按照既定的安装方案来执行。

6）吊装前还应观测天气的情况，如遇到雨雪天气或风力大于5级以上，应停止吊装。

3. 构件的起吊就位

1）起吊前，要对所有的准备工作再进行一遍检查，确认无误后开始起吊。起吊时，应注意起吊姿态，有助于就位。同时，起吊的过程中要注意控制起吊速度不能太快。

2）构件吊装就位后，需临时固定，可采用缆风绳临时固定，缆风绳拉结在地锚上或已安装完的构件上，如受环境条件限制，不能拉设缆风绳时，则可采用在相应方向上设置可调支撑的方式进行固定和校正，如图 10-27 所示。同时将临时固定耳板连接上（如果采用临时连接耳板的话）。若构件是采用高强度螺栓连接的，应先用个别螺栓穿孔连接上，或其他的临时固定方法。

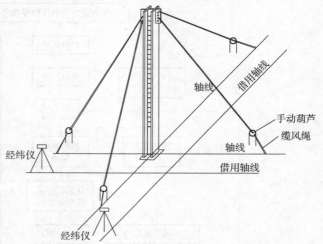

图 10-27　钢柱临时固定、校正和调整

3）初步固定以后，构件就可以进行测量、调整，调整的方法是调节手拉葫芦，或采用千斤顶等辅助工具来调整。

4）构件调整到位后，如采用高强度螺栓连接，就可以将高强度螺栓按照一定的顺序进行终拧。构件安装完成，若采用焊接，则开始进行焊接的准备工作。

4. 焊接的准备工作与焊接（按常用的二氧化碳气体保护焊进行说明）

在焊接之前，应搭设焊接作业平台，并搭设防风防雨棚。同时检查气候条件、焊前测量结果、坡口几何尺寸、焊机、焊接工具、安全防护、二氧化碳气路、防火措施等是否满足要求。焊接前应清理坡口，检查衬板、引弧板、熄弧板是否满足要求，并按规定进行焊前预热，达到规定温度后，开始正式焊接。焊接过程中应注意控制焊接电流、电压、焊道的清理、层间温度、气体流量、压力、纯度、送丝速度及稳定性、焊道宽度、焊接速度等，严格按照专项的焊接工艺指导书来实施。焊接完成后应按规定进行后热和保温。焊接质量控制流程如图 10-28 所示。

对于柱、梁、支撑等各类构件，在焊接前应编制合理的焊接顺序。

1）对于箱形柱，应采用两名焊工同时对称等速焊接，才能有效地控制施焊的层间温度，消除焊接过程中所产生的焊接内应力，杜绝产生热裂纹。

2）对于工字柱，焊接时首先由两名焊工对称焊接工字柱的翼缘，翼缘焊接完后再由其中一名焊工焊接腹板。

3）对于工字形梁，当腹板螺栓连接时，应先焊下翼缘，再焊上翼缘；当工字形梁翼缘和腹板都采用焊接连接时，应先焊下翼缘，再焊上翼缘，最后焊接腹板；在钢梁焊接时应先焊梁的一端，待此端焊缝冷却至常温下，再焊另一端，不得在同一根钢梁的两端同时施焊，两端的焊接顺序应相同。

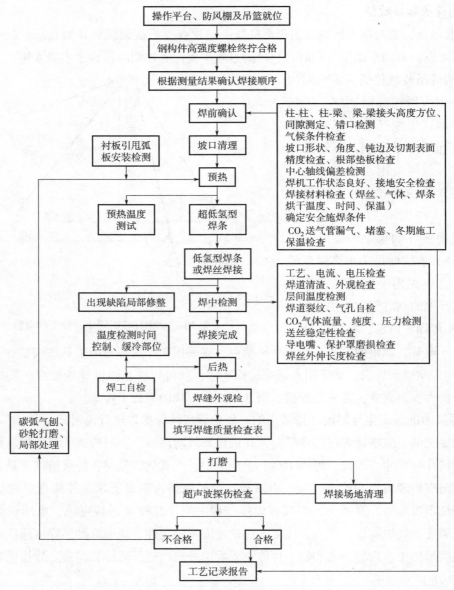

图 10-28 焊接质量控制流程图

4）对于箱形梁，为了避免仰焊，保证焊接质量，在上翼缘开封板，因此焊接时先从梁内向下焊接下翼缘。下翼缘焊接完毕后，由两名焊工同时对称焊接两个腹板，焊接完毕后割除下翼缘和两个腹板的引弧板，并打磨好。24h 后对下翼缘和腹板进行探伤，合格后安装上翼缘的封板，然后先由一名焊工依次焊接上翼缘封板的两条平焊缝，最后由两名焊工对称焊接封板与腹板之间的两条横焊缝。

5）对于桁架，应遵循先下弦，再上弦，最后焊接斜撑的施工顺序。

总之，在构件的焊接过程中，应充分按照同时、对称、匀速、连续的原则，按照既定的施焊顺序进行焊接，保证焊接的质量。

5. 焊缝的检测

焊接完成后，应对焊缝进行检测，包括表观检测和无损检测。

6. 其他

临时耳板和吊耳的切除、打磨平整，表面除锈；涂刷防锈漆。

10.5　高强度螺栓连接的质量控制

1）钢结构工程中采用的高强度螺栓主要包括大六角头螺栓和扭剪型高强度螺栓。一个大六角头高强度螺栓连接副是由一个大六角头螺栓、一个螺母和两个垫圈所组成。扭剪型高强度螺栓连接副是由一个扭剪型螺栓、一个螺母和一个垫圈组成。

2）在高强度螺栓连接的设计图和施工详图中，均应注明所用高强度螺栓连接副的性能等级、规格、连接形式、预拉力、摩擦面抗滑移系数及连接后的防锈要求。同时，在设计中一定要注意考虑，高强度螺栓连接是否具有专用施工机具的可操作空间。

3）螺栓长度的选择：

$$L = L' + \Delta L$$

式中　L'——连接板层总厚度；

　　ΔL——附加长度，可以直接从表 10-2 中查得。

表 10-2　高强度螺栓附加长度表

螺栓公称直径 d/mm		M12	M16	M20	M22	M24	M27	M30
附加长度 ΔL/mm	大六角头高强度螺栓	25	30	35	40	45	50	55
	扭剪型高强度螺栓		25	30	35	40		

注：高强度螺栓长度 L 的选择，一般方法是按连接板总厚度加上附加长度（ΔL），螺栓长度小于 100mm 取 5mm 的整倍数，余数 2 舍 3 进；螺栓长度大于 100mm 取 10mm 的整倍数进行归类，并尽量减少螺栓的规格数量。

4）高强度螺栓的栓孔应采用钻孔成型，不得采用冲孔工艺；孔周边的毛刺、飞边，应采用砂轮磨光。高强度螺栓的孔径应按表 10-3 选配。

表 10-3　高强度螺栓孔径选配表

螺栓公称直径/mm		M12	M16	M20	M22	M24	M27	M30
螺栓孔直径/mm	摩擦型连接	13.5	17.5	22	24	26	30	33
	承压型连接	13	17	21.5	23.5	25.5	29	32

5）钢结构加工厂在钢结构加工时，应对构件的摩擦面进行加工处理，可采用喷砂、抛丸、生锈等处理方法，处理后的摩擦面抗滑移系数应符合设计要求，同时对经过处理的摩擦面进行抗滑移系数试验，并出具试验报告，试验报告应写明试验方法和结果。

6）高强度螺栓预拉力施加方法：

①对于高强度大六角头螺栓施加预拉力的方法有以下两种：

一是扭矩法：根据生产厂家提供并经施工单位复验的扭矩系数，用定扭矩的测力扳手施工。

二是转角法：先用扳手将螺母拧到贴紧板面的位置（即初拧），然后根据螺栓的直径和被连接钢板总厚度，从贴紧位置开始，再将螺母转动 1/2 ~ 3/4 圈。

②对于扭剪型高强度螺栓，是利用机动扳手的内、外套，分别套住螺杆尾部的卡头和六角螺母，通过内、外套的相对旋转，对螺母施加扭矩，最后螺杆尾部的卡头被拧断，即表明已达到设计预拉力值。

7）高强度螺栓安装工艺流程：

高强度螺栓安装工艺流程如图 10-29 所示。

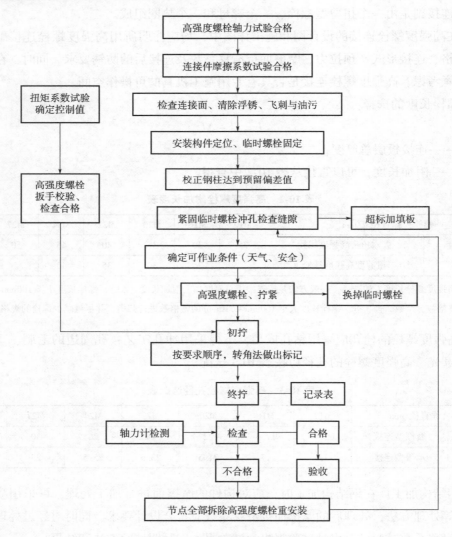

图 10-29　高强度螺栓安装工艺流程

8）安装临时螺栓时，用冲子校正孔位，用临时螺栓进行组装，在每个节点上应穿入的临时螺栓和冲钉数，由安装时可能承担的荷载计算确定，并应符合下列规定：

①不得少于节点螺栓总数的 1/3。

②每个节点临时螺栓不得少于 2 个。

③冲钉穿入数量不少于 2 个，不宜多于临时螺栓的 30%。

④高强度螺栓连接处，板叠上所有螺栓孔，均应采用量规检查，其中通过率为：用比孔的公称直径小 1.0mm 的量规检查，每组至少应通过 85%；用比螺栓公称直径大 0.2～0.3mm 的量规检查，应全部通过。

⑤不允许使用高强度螺栓兼做临时螺栓。

9）安装高强度螺栓：

①高强度螺栓的安装，应在结构构件中心位置，经调整检查无误后即可安装高强度螺栓。

②螺栓穿入方向，应以施工方便为准，并力求一致，即节点一致，整层一致。

③高强度螺栓连接副组装时，螺母带圆台面的一侧应朝向垫圈有倒角的一侧。

④先在没有冲子和临时螺栓的孔中穿入高强度螺栓并用短扳手适当拧紧后，再用高强度螺栓取代临时螺栓和冲子，应随换随紧。

⑤高强度螺栓不能自由穿入时，不可用冲子冲孔，更不可将螺栓强行打入。该孔应用铰刀进行扩孔修整，扩孔数量应征得设计同意，扩孔后的孔径不应大于 1.2 倍螺栓直径。扩孔时，为了防止铁屑落入板叠缝中，应先将四周螺栓全部拧紧，使板叠密贴后再进行。严禁气割扩孔。若多数螺栓不能自由穿入时，改换连接板。

⑥安装高强螺栓时，构件的摩擦面应保持干燥，不能在雨中作业。

10）高强度螺栓的紧固：构件按设计要求组装并测量校正、安装螺栓紧固合格后，开始替换高强度螺栓并紧固，高强度螺栓紧固分为初拧、终拧。对于大型节点应分为初拧、复拧、终拧。初拧紧固至螺栓标准预拉力的 50%，终拧紧固至螺栓标准预拉力，偏差不大于 ±10%。高强度螺栓的初拧、复拧和终拧应在同一天完成。初拧可用扳手，尽操作者的力量扭紧即可，终拧多用电动扳手，如空间狭窄时，也可用手动扳手进行终拧。

①扭剪型高强度螺栓的拧紧：初拧扭矩值为 $0.13 \times P_c \times d$ 的 50% 左右，见表 10-4。复拧扭矩值等于初拧扭矩值。初拧或复拧后的高强度螺栓应用白色记号笔在螺栓头至构件上划一直线标记。

表 10-4　扭剪型高强度螺栓初拧扭矩值

螺栓直径 d/mm	M16	M20	M22	M24
初拧扭矩/(N·m)	115	220	300	390

②扭剪型高强度螺栓紧固：是将专用扳手套在预紧后的高强螺栓上，内套筒插入螺栓尾部的梅花头，然后微转外套筒，使其与螺母对正，并推至螺母根部。接通电源开关，内外套

筒背向旋转将螺栓紧固（初拧时先设定好初拧扭矩值），待紧固到设计扭矩时，将梅花头切口扭断。关闭电源，将外套筒脱离螺母，从内套筒弹出梅花头，紧固完毕。

③高强度螺栓初拧、终拧标记，如图10-30、图10-31所示，终拧螺母转角为45°～90°，一般终拧转角以60°左右为宜，如果终拧转动角度大于90°则说明初拧扭矩不足，达不到初拧目的，应进行调整，小于45°则说明初拧扭矩选用大了些。

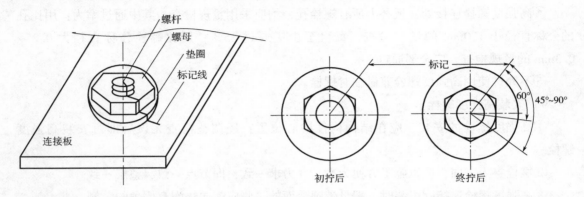

图10-30　高强度螺栓初拧标记　　　　图10-31　高强度螺栓初终拧标记

④螺栓紧固顺序。

A. 高强度螺栓在初拧和终拧时，连接处的螺栓应按一定顺序施拧，一般应由螺栓群中央顺序向外拧紧。

B. 一般接头的紧固顺序：应从接头中心顺序，向两端进行紧固（图10-32）。

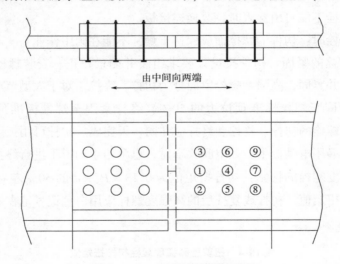

图10-32　一般接头的紧固顺序

C. 工字梁-柱接头的紧固顺序：从柱侧上下翼缘→柱侧腹板→梁侧上下翼缘→梁侧腹板的先后顺序进行（图10-33）。

D. 两个接头栓群的紧固顺序：应为先主要构件接头，后次要构件接头。

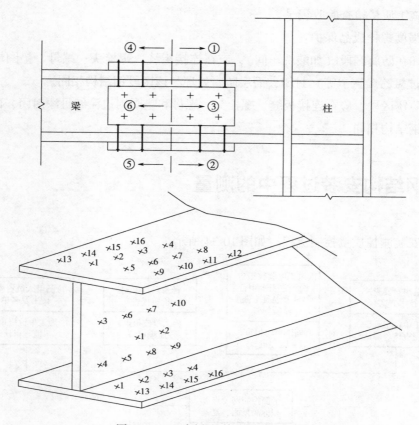

图 10-33　工字梁-柱接头的紧固顺序

11）施工质量验收：

①主控项目。

A. 钢结构连接用高强度螺栓连接副的品种、规格、性能应符合国家现行标准的规定并满足设计要求。高强度大六角头螺栓连接副应随箱带有扭矩系数检验报告，扭剪型高强度螺栓连接副应随箱带有紧固轴力（预拉力）检验报告。高强度大六角头螺栓连接副和扭剪型高强度螺栓连接副进场时，应按国家现行标准的规定抽取试件且应分别进行扭矩系数和紧固轴力（预拉力）检验，检验结果应符合国家现行标准的规定。

B. 高强度大六角头螺栓连接副应复验其扭矩系数，扭剪型高强度螺栓连接副应复验其紧固轴力，其检验结果应符合《钢结构工程施工质量验收标准》（GB 50205）附录 B 的规定。

②一般项目。高强度大六角头螺栓连接副、扭剪型高强螺栓连接副应按包装箱配套供货。包装箱上应标明批号、规格、数量及生产日期。螺栓、螺母、垫圈表面不应出现生锈和沾染污物，螺纹不应损伤。

③高强度螺栓质量记录。高强度螺栓连接副的材质、产品检验、出厂合格证以及进入安装现场后的复验数据。高强度螺栓连接摩擦面抗滑移系数试验和复验数据。初拧扭矩值、终

拧扭矩值。施工质量检查验收记录。

12）高强度螺栓成品保护：

①结构如在防腐区段（如酸洗车间），应在连接板缝、螺栓头、螺母、垫圈周边涂抹防腐腻子（如过氯乙烯腻子等）封闭，面层防腐处理与该区段钢结构相同。

②结构防锈区段，应在连接板缝、螺栓头、螺母和垫圈周边涂红丹漆封闭，面层防锈处理与该区段钢结构相同。

10.6 钢结构安装过程中的测量

钢结构安装测控质量控制流程，如图 10-34 所示。

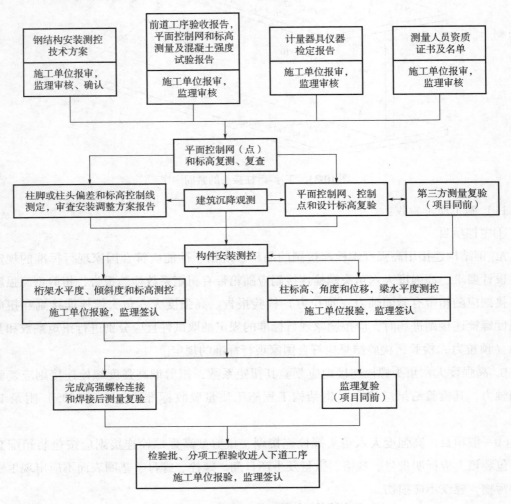

图 10-34 钢结构安装测控质量控制流程

工程测量是钢结构工程施工中很重要的一个方面，项目管理者必须给予充分的重视。工程测量可以分为两个部分，一个部分是由业主委托的，对工程进行长期监测的内容，包括沉降监测、舒适度监测、应力监测等。这些监测从工程施工时开始，一直持续到工程竣工投入使用若干年后结束，尤其是沉降观测，在竣工验收时，必须具有完整的沉降观测资料。目前国内兴起一门新型的边缘学科，称为楼宇的健康观测，主要是针对一些复杂的公共建筑工程，包含的测量内容也更为广泛。业主应根据项目的实际情况，在工程开始的阶段，就对工程长期监测的内容进行统筹规划，以满足工程的需要。另一部分就是施工测量，施工测量由施工单位来组织，为满足施工的需要而进行。施工测量包含的内容也是比较广泛的，它和第一部分的内容往往有重叠，如沉降观测、应力观测等。业主在工程发包的时候，应该对此部分重叠内容做出相应的统一安排，避免重复投入，造成资源浪费。

本节讲述的内容主要是施工测量。结构在施工过程中，会受到各种因素的影响，包括基础不均匀沉降、结构自重、风荷载、日照和温差等。施工测量的任务不仅是为结构施工时的定位服务，更重要的是对已施工完成的结构进行监测，看看结构在各种因素的影响下，其变形规律如何，是否与先期分析计算的一致，并在监测的基础上，及时对后续的结构安装进行调整，使结构的最终位形能够满足设计的要求。对于高层钢结构工程来说，尚应考虑焊接变形的影响，焊接变形是无法通过计算分析来准确确定的，只能通过施工经验数值和施工监测来加以考虑。总之，在施工之前，应要求施工单位编制详细的测量方案，针对影响结构变形的各种因素，提出相应的测量方法和技术路线，并根据结构本身的特点，明确测量的具体内容和要求，同时，测量结果要及时地反馈给结构安装部门，作为结构安装调整的依据。

测量方案是整个测量工作的纲领性文件，也是项目管理者重点关注的对象，项目管理者应对测量方案进行重点审查，必要时应要求施工单位邀请行业内的专家，召开专家审查会，对测量方案进行审查。

测量方案主要应包括以下内容：

（1）根据结构的具体特点，明确测量的具体内容　测量的内容总的来说，包括变形监测和应力监测两类，当然还包括构件安装时的定位测量。但具体到每个不同的工程项目，变形监测和应力监测的具体内容必须加以明确。如对于变形监测，测量点如何布置，监测的频次如何，监测的精度和其他技术要求等都应加以明确；对于应力监测，一般只在关键部位才进行，也应该对监测的部位加以明确。

另外必须注意到的一点是，现场监测得到的数据往往是多种因素共同作用的结果，这样得到的结果很难在施工过程分析中加以采用。因为不知道是哪些因素在起作用，作用的规律和大小又如何？所以，在最初测量方案制订的时候，必须具有针对性，能够把各种因素对结构的影响规律和大小剥离出来，在测量内容的设定上也进行相应的考虑，这样得到的测量结果才能够切实对施工过程的分析提供指导和帮助。

一般说来，变形监测应包括以下的具体内容：基础的变形监测、施工缝两侧的相对位移观测、重点楼层的位移观测、核心筒的整体垂直度观测等。

（2）监测的技术要求　变形监测须综合考虑实际施工情况、现场条件、精度、时间及可实施性等因素，编制实施的技术路线。测量控制上要从外围到内部，从全局到局部再到细部；监测方法上要采用传统测量方法和设备与先进的测量方法和设备相结合，不同的方法相互比较和校核；根据不同的监测项目的具体要求，确定监测方法，选用相匹配的仪器设备，合理控制监测成本，准确反映结构的位移、变形和应力等参数，具体应注意以下几点：

1）变形观测的精度：应满足测量规范的要求和工程的需要。

2）确保基础控制网的精度：基础控制网包括平面和高程控制网，必须定期对控制网进行观测校验，确保其精度。

3）观测方法和仪器的选用：在传统的测量方法和设备的基础上，应尽量采用一些新的测量方法和设备，以便不同的方法进行比较和校核。如静力水准仪系统、高精度全自动跟踪全站仪、GPS 静态差分测量技术等。所有的仪器都应该经国家授权单位检定合格，而且在有效期内。

（3）施工需要经过多次变形观测　每次变形观测，要坚持遵循可比性原则，最大限度地消除系统误差，应遵循以下确保精度的技术措施：

1）采用基本相同的观测路线和观测方法。

2）使用相对固定的仪器和设备。

3）使用相对固定的观测人员。

4）在大致相同的观测条件下工作。

5）每次观测持续的时间应大致相同，且持续的时间长短应加以限定。

6）采用同一平差计算方法。

（4）观测结果的复核与处理　在测量过程中，应对每测站测量结果即时复核，确保成果在误差范围内，每次测量结束前对测量成果进行平差计算，核查测量结果。同时应采用不用的测量方法和仪器对测量成果进行复核。测量完成后得到的测量数据非常浩繁，必须进行分析处理，才能为施工过程提供指导和帮助。

10.7　钢结构安装焊缝的检测

焊缝的质量是保证钢结构工程质量的重要环节，必须建立完整的质量保证体系来保证钢结构的焊接质量。钢结构焊缝的质量等级分为一、二、三级。《钢结构设计标准》（GB 50017）第 11.1 条，明确焊缝应根据结构的重要性、荷载特性、焊缝形式、工作环境以及应力状态等情况，按规范原则分别选用不同的质量等级。规范中也给出了相应的原则，本文不再抄录。但在实际的工程设计中，如何按照规范原则的指导，来确定焊缝的质量等级，由设计方来具体明确，这是设计的权利，也是设计的责任。在确定焊缝质量等级的时候，设计方也应充分征询钢结构施工方的意见，因为焊缝的质量等级要求和是否焊透的要求，涉及大量的工程投入，对钢结构的施工有很大影响，设计方必须综合各方的意见后，经过慎重考虑，来确定焊缝的质量等级。

对焊缝的质量进行检验和控制，应从焊接前的检查、焊接中的检查和焊接后的检查三个阶段来进行。对于焊接前的检查和焊接中的检查都属于过程控制，在前面的章节中有过介绍，对于焊接后的检查，是焊缝质量检验的最后一关，也是工程验收的依据，过程控制中的问题在焊后检测中也会得到暴露，所以这是最为关键的一道检测。焊后检测涉及四个方面的内容：一是检验的内容；二是检验的手段；三是验收合格的标准；四是检验的程序。下面从上述四个方面进行说明：

1. 检验的内容

检验的内容主要分为两个，一是焊缝的外观检测，二是焊缝的内部缺陷检测。焊缝的外观检测主要包括以下内容：

1）表面形状，包括焊缝表面的不规则、弧坑处理情况、焊缝的连接点、焊脚不规则的形状等。

2）焊缝尺寸，包括对接焊缝的余高、宽度，角焊缝的焊脚尺寸等。

3）焊缝表面缺陷，包括咬边、裂纹、焊瘤、弧坑气孔等。

对于焊缝的内部缺陷检测，在《钢结构工程施工质量验收标准》（GB 50205）第 5.2.4 条强制性条文中要求：设计要求全焊透的一、二级焊缝应进行内部缺陷的无损检验。

2. 检验的手段

（1）对于外观检测 其检测方法是观察检测或使用放大镜、焊缝量规和钢尺检查，当存在疑义时，采用磁粉探伤或渗透探伤检查。磁粉探伤和渗透探伤相比，应优先采用磁粉探伤，如确因结构原因或材料原因不能使用磁粉探伤时，方可采用渗透探伤。磁粉探伤主要用来探测焊缝表面和近表面的缺陷。目前的钢结构工程中，开始大量采用高强度低合金钢，高强度低合金钢在焊接后相当长的一段时间内，都有产生延迟裂纹的可能性，强度越高，可能性越大，这种延迟裂纹对结构的危害很大。所以目前很多重要的钢结构工程都要求采用磁粉检测来对钢结构焊缝的表面缺陷进行探测，而不仅仅是在外观检测有疑义时才求助于磁粉检测。这种检测要求在工程招标技术文件中就应该加以明确。至于检测的比例和检测的部位，应由设计方根据工程的特点提出。

（2）对于内部缺陷的检测 主要采用超声波探伤，超声波探伤不能对缺陷做出判断时，应采用射线探伤进行检验。对钢结构焊缝无损探伤的要求应根据《钢结构工程施工质量验收标准》（GB 50205）第 5.2.4 条的要求进行，一、二级焊缝质量等级及无损检测要求应符合表 10-5 的规定。

表 10-5 一、二级焊缝质量等级及无损检测要求

焊缝质量等级		一级	二级
内部缺陷超声波探伤	缺陷评定等级	Ⅱ	Ⅲ
	检验等级	B 级	B 级
	检测比例	100%	20%

焊缝质量等级		一级	二级
内部缺陷射线探伤	缺陷评定等级	Ⅱ	Ⅲ
	检验等级	B 级	B 级
	检测比例	100%	20%

注：二级焊缝检测比例的计数方法应按以下原则确定：工厂制作焊缝按照焊缝长度计算百分比，且探伤长度不小于
200mm；当焊缝长度小于200mm时，应对整条焊缝探伤；现场安装焊缝应按照同一类型、同一施焊条件的焊缝
条数计算百分比，且不应少于3条焊缝。

3. 验收合格的标准

对于焊缝的外观检测质量标准和内部缺陷分级及质量等级评定，可参见《钢结构工程施工质量验收标准》（GB 50205），内容较多，本文不再赘述。

4. 检验的程序

焊缝质量对于钢结构工程来说是至关重要的，对焊缝质量的检验必须贯彻多道检测的原则，通过增加检测道数来确保焊缝的质量。目前通行的做法是首先由施工单位进行自检，然后由业主聘请独立第三方进行抽检。以下将对这两个环节进行说明。

（1）自检　自检由施工单位自己组织进行，并应聘请有相应的无损检验资质的检测单位来进行检测，并应出具有 CMA 章的检验报告。相应的检测比例如下：

1）对于外观检测：可以按照《钢结构工程施工质量验收标准》（GB 50205）来进行，承受静荷载的二级焊缝每批同类构件抽查 10%，承受静荷载的一级焊缝和承受动荷载的焊缝每批同类构件抽查 15%，且不应少于 3 件。被抽查构件中，每一类型焊缝应按条数抽查 5%，且不应少于 1 条。每条应抽查 1 处，总抽查数不应少于 10 处。在实际工程中，也可以由设计方根据工程的实际情况提出更高的要求，如 50% 或 100% 进行外观检测，经业主同意后，写入招标技术文件，这样必然增加检测费用，但对保证焊缝质量是很有好处的。另外，在规范中还提到，当对焊缝的外观质量存在疑义时，采用磁粉探伤或渗透探伤进行检查。磁粉探伤可以发现焊缝表面和近表面的微小缺陷，这些缺陷用肉眼是看不到的，但对工程的质量和安全影响很大。因而，在一些重大工程中，就强制要求对焊缝进行磁粉探伤，而不仅仅是在有疑义时，对于检测的部位和检测的比例，应该由设计提出，并取得业主同意后，写入招标技术文件。

2）对于焊缝的内部缺陷的检测，一般按照规范的要求来处理，即 Ⅰ级焊缝 100% 进行超声波检测，Ⅱ级焊缝检测 20%。但须注意的一点是规范对工厂制作焊缝和现场安装焊缝的检测比例概念是不同的，工厂制作焊缝按照焊缝长度计算百分比，且探伤长度不小于 200mm；当焊缝长度小于 200mm 时，应对整条焊缝探伤；现场安装焊缝应按照同一类型、同一施焊条件的焊缝条数计算百分比，且不应少于 3 条焊缝。

（2）独立第三方检测　应该由业主或其委托机构来直接聘请有相应检测资质的检测单位来进行检测。检测项目主要是超声波检测，也有的工程考虑采用磁粉探伤对焊缝外观质量

进行检测。对于检测的比例，《钢结构工程施工质量验收标准》（GB 50205）附录 F 中要求：一级焊缝按不少于被检测焊缝处数的 20% 抽检；二级焊缝按不少于被检测焊缝处数的 5% 抽检。

10.8　钢结构安装工程质量验收

钢结构安装完成后，就可以进行钢结构分部工程的竣工验收。

钢结构分部工程竣工验收应依照《钢结构工程施工质量验收标准》（GB 50205）、设计文件及有关验收标准的要求来进行。验收完成后，应形成以下分部工程竣工验收文件：

1）钢结构工程竣工图样及相关设计文件。

2）施工现场质量管理检查记录。

3）有关安全及功能的检验和见证检测项目检查记录。

4）有关观感质量检验项目检查记录。

5）分部工程所含各分项工程质量验收记录。

6）分项工程所含各检验批质量验收记录。

7）强制性条文检验项目检查记录及证明文件。

8）隐蔽工程检验项目检查验收记录。

9）原材料、成品质量合格证明文件、中文标志及性能检测报告。

10）不合格项的处理记录及验收记录。

11）重大质量、技术问题实施方案及验收记录。

12）其他有关文件及记录。

本章工作手记

本章讨论了钢结构安装的质量管理流程及各环节的质量管理要点。

钢结构安装的质量管理流程	质量管理流程图
钢结构安装方案	钢结构安装方案的内容及两个安装方案示例：中央电视台新址工程主楼超大悬臂钢结构安装方案要点介绍及 TVCC 大桁架整体提升方案
钢结构安装的准备工作	焊接工艺评定；劳动力准备；技术准备；定位轴线标高复测；施工机械的准备；地锚的埋设；高强预应力锚栓复检
钢结构安装的过程质量控制	构件的进场验收；吊装的准备工作；构件的起吊就位；焊接的准备工作；现场焊接的质量控制

（续）

高强度螺栓连接的质量控制	钢结构工程中采用的高强度螺栓；高强度螺栓连接的设计注意事项；螺栓长度的选择；螺栓的孔径；构件的摩擦面处理；高强度螺栓预应力施加方法；高强度螺栓操作工艺流程；临时螺栓的安装；安装高强度螺栓；高强度螺栓的紧固；高强度螺栓施工质量验收；高强度螺栓成品保护
钢结构安装过程中的测量	测量方案的编制；测量质量控制流程图；测量的具体内容；监测的技术要求；测量精度的保证措施；测量结果的复核与处理
钢结构安装焊缝的检测	检测内容；检测手段；验收标准；检测程序
钢结构安装工程质量验收	按程序验收，形成完成的质量验收文件

第11章 钢结构施工中的安全管理

本章思维导读

钢结构工程的特点是高处作业多，吊装作业多，焊接作业多，一般属于危险性较大的分部分项工程，按照《建筑工程安全生产管理条例》第26条的要求，应编制专项施工方案，并进行专家论证。施工中应严格按照论证通过的方案进行落实。本章将从安全施工的管理和技术措施两个方面进行讨论。

11.1 钢结构安全生产的管理要求

钢结构施工安全管理应按照风险管理的方法来进行。钢结构施工的风险很多，但从工程实践来看，其重大的风险主要是两点，一是焊接或切割作业时因焊渣或熔渣掉落，防护不当而引发火灾；二是钢结构施工多属于高处作业，人员或设备坠落而导致生命及财产损失。这是钢结构工程施工中，发生频率最高的两项风险，也是钢结构安全生产管理的重点。尤其是第一项风险，在近年来发生的事故颇多，导致的后果也是极为惨痛。在钢结构施工和装修施工并行的阶段，应特别提高警惕，注意防止焊接或切割时处置不当而引发的火灾。

钢结构安全生产的管理主要从以下几方面进行。

1. 建立专职的安全生产管理机构

《建筑工程安全生产管理条例》明确了工程参建各方包括建设单位、设计单位、监理单位和施工单位的安全管理责任。施工单位是安全管理的主体，必须按照规定设置安全生产管理机构，并配备专职安全生产管理人员。

2. 编制安全生产的各项规章制度、安全管理的流程、施工组织设计及专项技术方案，并制订各项安全技术措施

根据目前国内的安全生产管理体系，安全生产管理流程如图11-1所示。

施工企业一般均会根据国家和地方的安全管理规程和标准，编制通用的安全管理体系文件。但由于每个工程项目的情况各不相同，每个项目均需编制施工组织设计和专项施工方案，明确安全生产管理的具体内容。按照《建筑工程安全生产管理条例》第26条的要求，对于达到一定规模的危险性较大的分部分项工程编制专项施工方案，并附安全验算结果，经施工单位技术负责人、总监理工程师签字后实施，由专职安全生产管理人员进行现场监督，必要时还应组织专家进行论证。方案中还应制订详细的、有针对性的技术措施，来保证安全生产的落实。

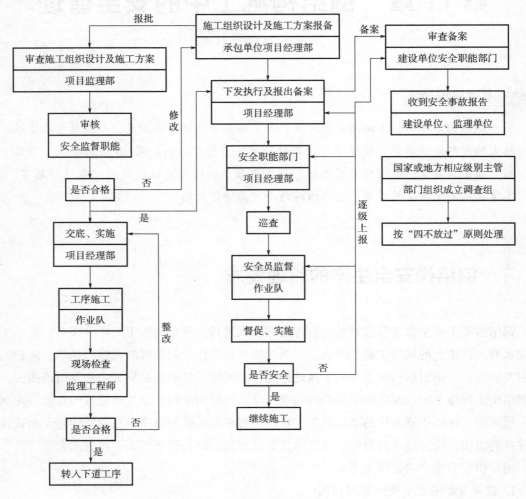

图 11-1　安全生产管理流程

3. 安全生产管理文件的贯彻和实施

（1）安全生产的教育和培训　应采取多种有效的方式将安全生产的规章制度、安全措施逐级贯彻到每一个人。

（2）安全生产的检查和过程控制　生产过程中，应有施工单位和监理单位的安全管理人员进行巡视检查，必要时应进行旁站监控，发现问题及时纠正，确保安全生产的方案和技术措施得到落实。

（3）形成安全生产记录　安全生产过程中，应生成安全生产记录，可参照北京市地方标准《建设工程施工现场安全资料管理规程》（DB 11/383）来执行。

11.2　钢结构安全生产的技术措施

安全生产技术措施是保证安全生产最直接最有效的手段，下面是钢结构施工过程中一些通用的技术措施。由于每个工程项目的具体情况不同，还须根据工程项目的具体情况来补充。

11.2.1　安全施工

1. 操作人员

1）施工人员进入施工现场必须戴好安全帽，高处作业穿防滑鞋并系好安全带，安全带必须套在安全稳固的构筑物上或专门设置的安全保险绳中。

2）使用扳手的扳口尺寸应和螺母尺寸相符，高处使用的扳手或其他工具必须系防坠绳。上下传递工具等物时，不许投抛，需用细绳绑好进行传递。严禁在工作中打闹或相互抛弃物品。

3）电焊工高处作业时，必须系挂好安全带，潮湿地点作业时，应注意绝缘工作。焊割前应清除焊割区的易燃、易爆物品。

4）在高处作业时，焊接电缆和氧、乙炔气带应扎在支架上，切勿绕在身上拖动。

5）遇有大风（8~10.7m/s）应停止高处作业。

6）进入施工现场区，严禁吸烟，做好防火工作，焊接人员坚持执行用火申请制度，焊割时设专人看火，并备有防火用具。

7）禁止地面操作人员或与吊装无关的人员在正在进行吊装作业的下方停留或随便通过，也不许在起重机正在吊起重物的起重臂下停留或任意通过。

8）严格遵守《建筑安装工人安全技术操作规程》中的有关条款。

2. 起重机械及索具

1）工作前应严格按安全生产技术标准检查验收吊索具，符合本工程要求后方可使用。

2）吊装构件之前，应查明构件重量和就位高度是否在起重机性能允许范围内，严禁违章作业。

3）工作时升钩或吊杆要稳、避免紧急刹车，起重物在高处时，严禁调整刹车。

4）起重机驾驶员工作时应精神集中，服从信号工的指挥，停止作业时应关闭起动装置，吊钩不得悬挂物品。

3. 施工现场临时用电

1）钢结构是良好的导电体，四周应接地良好，施工用的电源必须是橡胶电缆线，所有用电设备的拆除、现场维护与照明的设置均应由专业电工完成。

2）现场使用的用电设备和电动工具，除作保护接零外，必须在设备负荷线的首端处设置漏电保护装置。

3）每台用电设备应有各自漏电保护开关，必须实行"一机一闸"制，严禁用同一个开关直接控制两台用电设备（含插座）。

4）焊接机械应放置在防雨和通风良好的地方，焊接现场不准堆放易燃、易爆物品。交流弧焊机变压器的一侧电源线长度应不大于5m，进线必须设置防护罩。

5）防止触电

①焊接设备外壳必须有有效的接地或接零。

②焊接电缆、焊钳及连接部分，要有良好的接触和可靠的绝缘。

③装、拆焊接设备与电力网连接部分时，必须切断电源。

④焊工工作时必须穿戴防护用品（工作服、手套、胶鞋），并应保证干燥和完整。

⑤焊机前应设漏电保护开关，即"一机一闸"制。

6）防止弧光辐射

①焊工必须戴防护罩。

②在公众场所焊接须设置活动挡光屏。

7）手持电动工具的负荷线，必须采用耐气候型的橡胶护套铜芯软电缆，并不得有接头。

8）手持电动工具的外壳、手柄负荷线、插头、开关等必须完好无损，使用前必须做空载检查，运转正常后方可使用。

9）现场电工要经常检查、维护用电线路及机具，认真执行《施工现场临时用电安全技术规范》（JGJ 46），保持良好状态，保证用电安全万无一失。

4. 焊接设备和用具的空中转运与存放

1）焊接设备和用具应装在专门铁箱内提升到所在楼层上，搁置要稳固，摆放要整齐。分配电箱应设置在焊接设备的附近，便于操作，保证安全。

2）气瓶应装在专门的铁笼中提升，笼顶用钢板封闭，以防坠落的物件砸坏仪表，存放时要保证安全距离。

5. 焊接作业安全措施

1）电气焊作业必须由培训合格的专业技术人员操作，并申请动火证，工作时要随身携带灭火器材，配备专门的看火人。

2）焊接作业下方有空洞时须设置接火盆，临边焊接时须设置防火布。作业面下方和周围不得堆放易燃物品。

3）对于焊接作业必须加强巡查，一查是否有"焊工操作证"和"动火证"；二查"动火证"与用火地点、时间、看火人、作业对象是否相符；三查是否有接火措施；四查有无灭火用具；五查电气焊操作是否符合规范要求等。

6. 焊接成品保护

1）焊后不准砸钢筋接头，不准往刚焊完的钢材上浇水，低温下操作应采取预热、缓冷措施。

2）不准随意在焊缝外母材上引弧。

3）各种构件校正好之后方可施焊，并不得随意移动垫铁和支撑，以防影响构件的垂直度，隐蔽部位的焊接接头，必须办理隐蔽验收手续，方可进行下一道工序。

4）低温焊接不准立即清渣，应等焊缝降温后方可清渣。

7. 高强度螺栓主要安全技术措施

1）操作者应站在操作平台上或吊篮内进行作业，先将安全带挂套在稳固的构件上或专设的防坠保险绳内，然后才能进入吊篮中作业。

2）在吊装梁时，高强度螺栓按节点螺栓数量装入帆布桶中，并悬挂在梁端，随梁起升到位，避免螺栓临时传递中失落伤人。

3）组装钢构件和连接板时，严禁用手插入连接面或探摸螺孔。取放连接板和垫板时，手指应放在板的周边。

4）使用扳手的扳口尺寸应和螺母尺寸相符，高处使用扳手时应系防坠绳。

5）扭剪型高强度螺栓终拧后梅花头应回收到随身携带的工具包内，不得随意丢弃，以免伤人。

6）当气温低于 −10℃ 或雨雪天时，应停止作业。

11.2.2　施工安全防护措施

为保护钢结构安装人员以及其他与钢结构施工作业有关人员的安全，防止发生高处坠落、物体打击等人身伤害事故，特制订一系列安全措施。

1. 建筑物的防护设施（图 11-2）

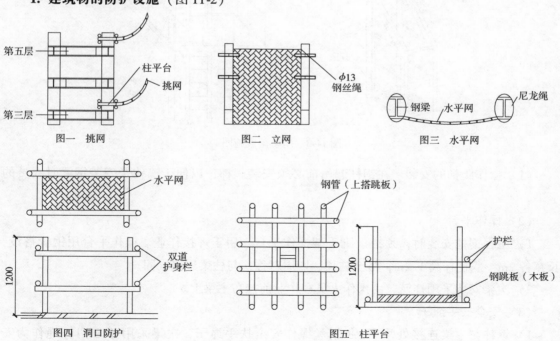

图 11-2　安全防护图

（1）建筑内部水平防护　在所有洞口上均覆盖水平安全网。

（2）建筑物周围立面防护　在建筑物周边设置钢管和密网围栏，高度 1.0～1.2m，上下两道水平杆，围栏固定要牢固。

2. 柱、梁安装的安全防护措施（图 11-3）

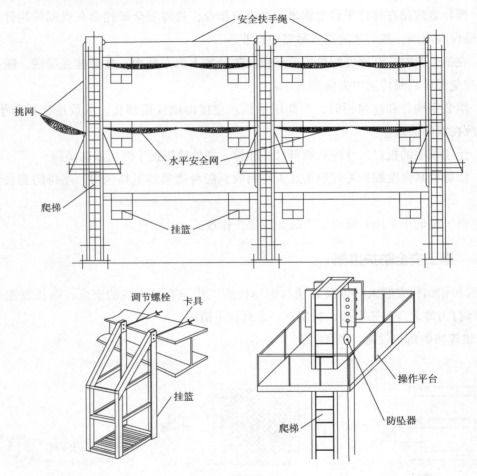

图 11-3　防坠落设施图

（1）操作爬梯的安装　在钢柱起吊前必须安装爬梯，以便于摘钩及安装钢梁时人员的上下。

（2）操作平台

1）工程钢柱安装时，须搭设脚手架操作平台，用于焊接作业。操作平台用钢管搭设，长宽各 2m，双栏杆高 1.2m，搭至柱顶，四周对称，与柱梁连接紧固。

2）次梁安装采用挂篮，由操作人员在作业前挂在主梁上。

（3）安全扶手绳子

1）钢柱与主梁连接处采用 $\phi 8$ 钢丝绳作安全扶手绳子，次梁采用 $\phi 10$ 白棕绳作为安全绳。

2）安全绳子牢固绑在梁端柱子上，施工人员在钢梁上行走时，必须将自身的安全带套在扶手绳子中，以防坠落。

（4）防坠器　为确保操作者在上下钢柱时的人身安全，每根钢柱安装时都配备防坠器。人员上下时，将安全带挂在防坠器的挂钩上，避免发生坠落事故。

（5）安全挂钩与工具防坠链　将全部手动工具、轻型电动工具加设不同形式的防坠绳和挂钩，防止工具坠落伤人事故。

11.2.3　安装施工必须遵守的其他规定

1）严格按批准的方案、规程、措施、工艺和操作指导书实施，对这些文件的修改均需经编制人、项目技术负责人或公司施工单位负责人书面同意。

2）安装施工人员无权擅自处理施工过程中的任何质量、技术问题，必须向安装质量技术负责人汇报，并及时反映到项目质检、技术部门和相关人员、相关部门分析研究后，提出切实可行的解决办法。

3）全面、仔细熟悉图样，掌握图样编号、构件编号、构件位置、标高、尺寸、构件之间的关系、构件方向、起拱、各种连接节点、承剪板方位、螺栓孔径和螺栓规格、各种焊缝形式等。一旦发现图样中的问题，及时反馈到项目技术部，同设计方协商解决并及时反馈到制作厂。

4）设计院图样与施工单位钢结构图发生矛盾时，须提前通知项目技术部确认解决，必要时同设计方协商解决。

11.2.4　现场消防措施

1）认真贯彻《消防条例》，坚持预防为主、防消结合的消防意识教育。

2）施工现场设专人负责防火工作，配备消防器材和消防设备，做到经常检查，发现隐患及时上报处理。

3）现场施工作业，设备、材料堆放不得占用或堵塞消防通道。

4）严格执行现场用火制度，电气焊用火前必须办理用火证，并设专人看火，配备消防器材。

5）电气焊作业前，清除作业范围内易燃、易爆物品或采取有效隔离措施。

6）氧气、乙炔瓶严禁放在动火地点下方，并有效遮盖，夏季不得曝晒。严禁用明火检查漏气情况。乙炔与氧气瓶的间距应大于 5m，与明火操作距离应大于 10m，不准放在高压线下。

7）电焊机不得接在建筑物、机械设备及金属架上，不得使用无柄的焊、割工具。遇五级以上大风时应停止室外电气焊作业。电气焊作业完毕，应切断电源、气源，并检查确认操作区域内无火险隐患。

8）施工中消防器材、管道与其他工程发生冲突时，施工人员不得擅自处理，须及时请示上级，经批准后方可更改。

9）仓库、现场配备足够消防器材，不准无关人员入库，不准吸烟。

10）不准任意拉电线，现场施工设备的装拆、照明灯光的设置以及线路的维护均由专业电工实施，其他无证人员不得操作。

11）现场消防器材，非火警不得动用。

12）施工人员严格执行现场消防制度及上级有关规定。

11.2.5　雨期、夜间施工措施

1. 雨期施工措施

为确保雨期施工的正常进行，保证工程质量，对于钢结构施工的各主要工序及对气候敏感的工序，应针对雨期施工的特点，编制相应的工艺措施，具体如下：

1）雨期钢构件吊装。在中到大雨的天气，钢构件吊装不安排作业。小雨天气，视具体情况安排吊装。吊装时穿好防滑鞋，系好安全带。

2）雨期高强度螺栓连接。中到大雨的情况下，现场不进行高强度螺栓连接施工。小雨天气，在进行钢梁连接时，可采用大号雨伞配同专用卡环进行挡雨；H 型钢柱腹板连接时，可采用彩条布或塑料薄膜搭设防雨棚。

3）雨期钢构件焊接。中到大雨的情况下，现场不进行焊接施工。小雨天气，可采用彩条布或塑料薄膜搭设防风、防雨棚。

4）雨期施工应保证施工人员防雨具的需要，尤其注意施工用电防护。降雨时，除特殊情况及特殊部位外，应停止高处作业，并将高处作业人员撤到安全地带，拉断电闸。

5）雨期施工应注意防止材料雨淋或受潮，室内仓库的地面应设防潮层。

6）做好场地周围防洪排水设施，疏通现场的排水沟道。

7）做好安全防护，雨后必须检查供电网路，防漏电、触电。电箱和焊接设备底部用木方垫高，垫高顶部要有防雨水措施，雨天应停止露天焊接作业。

8）各上人的马道必须绑扎防滑木条。

2. 夜间施工措施

1）夜间施工应尽量安排在地形平坦、施工干扰较少和运输道路较畅通的地段。

2）夜间施工时，施工区域内必须具有良好的照明。

3）夜间不宜进行钢柱垂直的校正。

安全管理是现场管理的重中之重，一个小小的失误就可以导致前功尽弃，所以要求安全管理人员具有强烈的责任心，并做大量深入和细致的工作，才能将安全事故的发生率降到最低。

本章工作手记

本章就钢结构施工过程中的安全管理及技术措施进行了讨论。

钢结构安全生产的管理要求		建立专职的安全生产管理机构
		编制安全施工管理文件
		安全生产管理文件的贯彻和实施
钢结构安全生产的技术措施	安全施工	操作人员；起重机械及索具；施工现场临时用电；焊接设备和用具的空中转运与存放；焊接作业安全措施；焊接成品保护；高强度螺栓主要安全技术措施
	施工安全防护措施	建筑物的防护措施；柱、梁安装的安全防护措施；操作平台；安全扶手绳子；防坠器；安全挂钩与工具防坠链
	安装施工必须遵守的其他规定	
	现场消防措施	
	雨期、夜间施工措施	

第12章 钢结构防腐、防火涂装
及组合楼板工程

本章思维导读

　　钢结构的缺点是防腐及防火性能差，因而需要防腐及防火涂装来抵御腐蚀及火灾。本章将就防腐、防火涂装的概念、设计和施工中的有关问题进行讨论，并介绍与钢结构相适配的压型钢板组合楼板工程。

12.1 钢结构防腐涂装

　　钢结构在常温大气环境中使用，钢材受大气中水分、氧和其他污染物的作用产生电化学反应而导致腐蚀。大气中的水分吸附在钢材表面形成水膜，是造成钢材腐蚀的决定因素。大气的相对湿度保持在60%以下，钢材的大气腐蚀是很轻微的。但当相对湿度增加到某一数值时，钢材的腐蚀速度突然升高，这一数值称为临界湿度。在常温下，一般钢材的临界湿度为60%~70%。这是钢结构腐蚀的原理。

　　影响钢结构腐蚀的原因很多，包括钢结构表面除锈质量、涂层厚度、涂料品种和涂装管理等，每种因素对涂装质量的影响是不一样的，其中钢结构表面除锈质量的影响最大，日本《防蚀技术》一文认为，以上四种因素对防腐质量的影响所占的比例分别为49.5%、19.1%、4.9%及26.5%。欧美一些国家甚至认为除锈质量要影响防腐效果的60%以上。可见，要做好防腐涂装必须加强除锈质量。

　　以下将从防腐涂装的各个环节进行说明。

12.1.1 防腐涂装的设计

1. 防腐设计年限

　　民用建筑工程的设计基准期为50年，有的工程项目的设计使用年限达到100年。那么，防腐设计年限如果能达到50年、100年，是最理想不过的了，但在目前的技术和管理条件下是很难达到的。而且没有任何标准和规范能够定义，一定的防腐涂装系统，在实际使用条件下，其防腐年限能达到多少年。因而，定义防腐设计年限并没有多少科学的依据。目前，很多工程项目定义防腐设计年限为 30 年，甚至 50 年，不过是表示对结构的防腐设计非常重视，提出了较高的要求，但设计人员很难据此进行防腐设计。在实验室条件下，可以采用耐盐雾试验小时数来近似确定防腐涂装的设计年限，一般认为，200 个盐雾试验小时可相当于 1 年，那么，50 年就需要 10000 个耐盐雾小时。但也仅仅是在实验室条件下，实际工程中的施工质量、外部环境和实验室有着很大不同，因而满足耐盐雾试验 10000 小时的防腐涂装系统在实际工程中能否达到 50 年，没人能够说得清楚。

在 ISO/EN 12944-5 标准中，也列出了漆膜厚度与环境、防腐年限的规定，见表 12-1。

表 12-1　漆膜厚度与环境、防腐年限

环境等级	油漆干膜厚度/μm	防腐年限/年
C2：农村地区，低污染，干燥环境	80	2 ~ 5
	150	5 ~ 15
	200	> 15
C3：城市和工业环境	120	2 ~ 5
	160	5 ~ 15
	200	> 15
C4：工业环境和沿海环境	160	2 ~ 5
	200	5 ~ 15
	240（含锌）	> 15
	280（非含锌）	> 15
C5：高湿度和恶劣环境，包括沿海环境，海上环境，高盐分环境	200	2 ~ 5
	280	5 ~ 15
	320	> 15

从表 12-1 来看，可以看到漆膜厚度与环境等级和防腐年限的对应关系，但防腐年限的定义仍然是比较模糊的，与 200 个耐盐雾试验小时相对于一年的估算来比较，也保守得多。

因而，提出防腐设计年限的要求并不科学，也无实际意义，不如提一些性能指标更具指导意义。

2. 防腐材料和涂装系统的选择

目前的防腐涂装材料很多，性能也大不相同，从最普通的红丹漆到性能优异的富锌涂料，品种繁多，性能各异，即使是工程设计人员也很难完全弄明白。但正如上文所述，涂料本身对钢结构防腐的影响并非决定性的，更应该关注的是防腐涂装的系统。一个防腐涂装的系统应该包括钢结构表面的处理要求、底漆、中间漆（如果有）、面漆，包括涂装方式等。只有对涂装系统提出性能指标的要求才是有意义的。

对防腐涂装系统提出性能指标要求必须依据规范和标准。目前国内可以依据的规范包括现行国家标准《工业建筑防腐蚀设计标准》（GB 50046），《涂覆涂料前钢材表面处理 表面清洁度的目视评定》（GB/T 8923）等。国外的规范包括挪威的 NORSOK M-501 和 ISO 系列标准等。

防腐系统的性能指标很多，可参阅相关规范，对钢结构防腐系统来说，重要的性能指标见表 12-2。

表 12-2　钢结构防腐系统性能指标

序号	性能指标	检验方法	评定等级
1	钢结构表面除锈等级	表面外观的文字描述和典型样板照片共同定义	喷射除锈等级：Sa1、Sa2、Sa2.5、Sa3，央视新址工程采用 Sa2.5；手工除锈等级：St2、St3
2	漆膜附着力	《漆膜划圈试验》（GB/T 1720）	经附着力测定检验，涂层完好率达 70% 以上为合格
3	漆膜厚度	漆膜测厚仪	按设计要求
4	耐候性检验	《漆膜耐候性测定法》（GB 1767）、《色漆和清漆 涂层老化的评级方法》（GB/T 1766）	依据标准评级
5	耐盐雾试验	《漆膜耐湿热测定法》（GB/T 1740）	试验小时数越大越好。按设计要求
6	耐水性试验	《漆膜耐水性测定法》（GB/T 1733）	按规范要求
7	涂料的相溶性试验	应包括各涂层的作用配套、性能配套、烘干温度配套、硬度配套等	按相关规范

涂料的性能指标还有很多，如抗压强度、硬度、耐热性、耐磨性、柔韧性、耐高温性能、耐化学试剂性、耐霉菌试验等，在防腐涂装系统设计中，不可能对所有的性能指标都提出要求，表 12-2 中列出了一些对保证防腐质量非常重要的性能指标，每个项目的防腐涂装设计时，还需要根据工程的实际情况来选用。有时，也可依据 NORSOK M-501 和 ISO 系列标准来提出对防腐涂装的性能指标要求，请参照上述标准，本文不再赘述。

另外需要指出的是，在防腐涂装系统设计中，一般不会提出具体的防腐涂装系统，只提出性能要求。防腐涂装系统掌握在厂家的手里，一个成熟的厂家必然会研制出适用于各种条件下的防腐涂装系统，并通过相关的测试，取得测试报告。一旦项目的防腐涂装系统开始招标，只有那些提供了能够满足设计要求的防腐涂装系统的厂家才具备资格，参与投标竞争。

3. 漆膜厚度

漆膜厚度对保证钢结构的防腐年限具有非常重要的意义。在防腐涂装系统设计中，应对漆膜厚度提出明确的要求。《钢结构工程施工质量验收标准》（GB 50205）第 13.2.3 条明确要求："防腐涂料、涂装遍数、涂装间隔、涂层厚度均应满足设计文件、涂料产品标准的要求。当设计对涂层厚度无要求时，涂层干漆膜总厚度：室外不应小于 $150\mu m$，室内不应小于 $125\mu m$。"

可以理解上述的规范要求为最低要求，在重大的钢结构工程中，均会提出更高的要求，如中央电视台新址工程要求：室内环境等级 C3，干漆膜总厚度不小于 $200\mu m$，室外环境等级 C4，干漆膜总厚度不小于 $280\mu m$（含锌漆），当有防火涂料时，最小干膜厚度 $100\mu m$。

除了提出干漆膜厚度的要求之外，很多工程也对防腐底漆的漆膜厚度提出了相应的要求。每个工程都应根据自身的实际情况，提出对漆膜厚度的明确要求。

12.1.2　除锈

除锈是保证防腐涂装工程质量最重要的一个环节。在防腐涂装系统设计中，必须对除锈提出明确的要求。除锈的施工方法较多，包括手工和动力工具除锈、喷射和抛射除锈、酸洗除锈等。对钢结构工程而言，主要采用手工和动力工具除锈及喷射和抛射除锈，喷射和抛射除锈主要应用在钢结构制作厂，而手工和动力工具除锈应用于钢结构安装现场的零星除锈工作。

喷射和抛射除锈的处理等级包括 Sa1、Sa2、Sa2.5、Sa3，除锈等级与防腐底漆相适应，在钢结构工程中，常用的除锈等级是 Sa2.5。手工和动力工具除锈采用手工铲刀、钢丝刷、机动钢丝刷和打磨机械等工具进行表面预处理，其处理等级包括 St2、St3。钢结构工程中常用的除锈等级是 St3。

在除锈施工中，必须加强对除锈质量的监控。监控的依据是表面状况的文字描述以及典型样板照片的定义，包括在钢结构加工厂和安装现场，都必须有专人对除锈质量进行监控。

另外必须指出的一点是，在钢结构除锈完成后，必须尽快进行防腐底漆的涂装。许多工程项目在设计要求中明确，在除锈工作完成后，应在 3h 或 4h 内进行防腐底漆的涂装。当然，具体的间隔时间应由设计明确。

12.1.3　防腐涂料的施工

防腐涂料的施工方法很多，包括刷涂法、滚涂法、浸涂法、粉末涂装法、空气喷涂法、无气喷涂法等，每种施工方法都有其优缺点，很难说哪种涂装方法就绝对的好，必须要结合施工条件和选择涂料的品种来综合选用。每种涂料都有其适用的施工方法，在确定施工方法时，应按照涂料的产品说明书的要求来选用。在进行防腐涂装系统的设计时，也可以根据选用的涂装系统明确相应的喷涂方法，一些工程项目在防腐涂装系统设计时就明确了施工方法。

涂装前，应编制施工方案，施工方案应包括：

1）涂料的施工方法。

2）涂料施工环境的要求：如温度、湿度、钢结构表面温度和露点温度等。

3）除明确涂层总厚度的要求和误差容许范围外，还应明确涂装遍数的要求，以及分层厚度及其容许误差的要求，同时还应包括各层之间的间隔时间要求。

4）明确禁止喷涂的部位和涂装前的遮蔽措施：如地脚螺栓和底板、高强度螺栓的结合面，埋入混凝土的部位，以及需要后期焊接的部位都是不需要涂漆的，在涂装前须进行遮蔽。

5）明确二次涂装的表面处理要求和补漆的施工措施。在下述的情况下，须进行补漆处理：需要在安装现场进行的二次涂装部位；初次涂装不合格的部位；安装时焊接及烧损的部位；以及在运输和组装时损坏的部位等，需要在现场进行补漆，并须制订补漆时的表面处理要求，以及涂装方法和质量保证措施。

6）涂装系统的检查验收和成品保护措施。

7）其他按照涂料的使用说明须考虑的相关要求等。

一旦施工方法确定以后，就必须严格按照施工方法来实施，加强监督和检查，防腐涂装系统的施工质量才能够得到保证。

12.1.4 防腐涂料的检验与成品保护

在上述的防腐涂装系统的选择中，对防腐涂装系统的性能指标已经进行比较详细的说明，选定的涂装系统必然已经满足了规范和设计文件的要求。但是在施工质量的保证体系中，仍然需要进行现场抽查这一程序。现场抽查没必要将所有的规范和设计文件要求的性能指标全部进行检查，需要根据现场条件确定抽查的性能指标，一般来说通常只抽查涂层总厚度这一项，但也可根据工程项目的实际情况，扩大抽查项目，如粘结强度、耐盐雾试验等，这需要业主和设计及监理单位共同商定现场检验的项目，并在技术文件中予以明确。

鉴于现场补漆的施工难度和质量难以保证，必须加强对涂装的成品保护。这是一项非常艰巨的任务，必须要求施工单位编制成品保护方法和措施，并加以严格执行。前期工程招标时，在技术文件中就应该提出详细的要求，甚至是具体的保护方法和措施，施工单位在报价过程中就可以考虑相应的成本，也有利于后期成品保护工作的实施。

12.2 钢结构防火涂装

钢结构的防火性能不佳，未加防护的钢结构在火灾温度下，仅 10min 就可以达到 540℃以上，从而迅速丧失其力学性能。所以钢结构的防火涂装非常重要。

在说明钢结构的防火涂装之前，须明确两个概念：耐火等级和耐火极限。耐火等级是针对建筑物来说的，是表示建筑物耐火性能的一个综合性指标，一般民用建筑的耐火等级可以分为一、二、三、四级，而对于高层建筑来说，则分为一、二级，高层建筑的防火要求明显要高一些。不同的耐火等级对建筑物的平面布置、防火分区的要求、各类构件的耐火极限、允许层数等指标的要求都是不同的，详细可查阅各类建筑的防火设计规范。耐火极限则是针对具体的构件来说的，如墙、柱、梁、板、楼梯、顶棚等，它是表示构件耐火性能的一个综合指标，用构件在火灾温度下能够维持其性能的小时数来表示，从最高的 4h 到最低的 0.15h 不等。耐火极限和耐火等级紧密相关，相互对应，在建筑防火设计规范中可查到其对应关系。

以下将从防火涂装设计、施工和验收的各个环节进行说明。

12.2.1　防火涂装的设计

1. 确定耐火等级和耐火极限

在进行建筑的防火设计时，首先必须确定建筑的耐火等级，确定的依据是防火设计规范。确定构件的耐火极限则需考虑多种情况：若规范是非常明确的，则可以依据规范的要求确定各类钢结构构件的耐火极限；若规范的要求不明确，则需要设计方根据结构的受力特点和构件的重要性确定其耐火极限，这也是设计的责任；若设计方仍然无法确定，或消防部门有要求，则须进行消防的性能化分析来确定构件的耐火极限。但不管通过何种方式确定，最终的结果必须取得消防部门的审查认可。

一旦确定构件的耐火极限，就可以进行构件的防火涂装设计。按照《建筑设计防火规范》（GB 50016），耐火等级一级的建筑，其各构件的耐火极限要求为：柱为 3h，梁为 2h，楼板为 1.5h；对于耐火等级为二级的建筑，其各构件的耐火极限要求为：柱为 2.5h，梁为 1.5h，楼板为 1.0h。钢结构的构件须通过表面涂刷防火涂料，才能达到上述的耐火极限要求。

以上述要求为例进行防火涂装系统设计的说明。

2. 防火涂料的选择

（1）防火涂料的分类　按照厚度可以分为两种：厚型和薄型。薄型涂料是指涂料厚度一般为 2~7mm，装饰效果较好，薄型防火涂料一般是有机涂料，在高温时涂层膨胀增厚，具有隔热耐火作用，耐火极限可达 0.5~2h，故又称钢结构膨胀防火涂料。目前，在薄型防火涂料的基础上，还出现了一种超薄型的防火涂料，厚度 1~3mm，耐火极限可达 0.5~1.0h，俗称防火漆。超薄型防火涂料的物理性能与薄型防火涂料有一定差异，具体详见产品的技术说明。

厚型防火涂料厚度一般为 8~50mm，粒状表面，密度较小，热导率低，耐火极限可达 0.5~3h。厚型涂料均为无机涂料，在高温下不膨胀，性能稳定，防火性能要优于薄型防火涂料。不同的厚度可满足钢结构构件不同耐火极限的要求。

（2）防火涂料的材料选用　防火涂料不管是薄型还是厚型涂料，目前市场上的产品都很多。在众多的产品之中，如何选择能够满足工程需求的产品呢？

首先必须明确的是：钢结构防火涂料的产品必须持有国家检测机构的耐火性能检测报告和理化性能检测报告，并取得消防监督机关颁发的生产许可证，方可选用。这是一个前提条件。在这个前提条件下，需考查涂料的技术性能指标，见表 12-3。

表 12-3　钢结构防火涂料技术性能指标

序号	性能指标	说明
1	耐火性能	这是防火涂料最为重要的性能指标，须列出不同厚度的涂料的耐火极限要求，而且必须取得国家检测机构的耐火性能检测报告。对于大于2h的耐火极限要求，规范要求应采用厚型防火涂料，这一点须加以注意。虽然目前有些厂家声称其薄型防火涂料可以达到3h的耐火极限要求，但必须取得耐火性能检测报告，并取得消防部门的认可才可以使用
2	施工温度	有的防火涂料在0℃以下，甚至5℃以下就无法施工，这将导致该防火涂料在冬天难以施工，如果工程要求防火涂料必须在冬天施工的话，则须注意这一性能指标
3	粘结强度	这是表示涂料与基层粘结力的一个重要指标。粘结强度越大，性能越好
4	抗压强度	这是表示涂料密度和硬度的一个重要指标。强度越大，表示涂料越密实和坚硬，性能越好
5	热导率	这是表示涂料热传导性能的一个重要指标，热导率越小越好
6	耐水性	对于在室外工作或在潮湿环境下工作的防火涂料，需注意其耐水性，它是采用耐水小时数来表示，耐水小时数越高，其性能越好
7	耐冻融循环次数	对于在室外工作的防火涂料，必须注意这一指标。它是采用冻融次数来表示，次数越高，性能越好。这个指标要求涂料在经过多次冻融循环后，其重量和抗压强度的损失不能超过规范容许值

　　以上是防火涂料的一些主要性能指标，还有其他的一些指标如干燥时间、耐酸碱性等，应根据工程的实际情况来提出要求，在技术文件中加以明确。

　　由于目前市场上的防火涂料品种繁多，材料组成和性能指标也各不相同，在确定对材料的性能指标要求之前，应对市场上的产品进行广泛调研。由于厂家众多，产品性能各异，质量也良莠不齐，所以必须要严格把关，一方面除了要对涂料的性能提出明确的指标要求以外，另一方面，建议在对众多厂家进行调研的基础上，进行资格预审或确定一个短名单，第三，在招标之前，必须要求厂家提供样板以供审核。通过以上种种措施来保证防火涂料的性能和质量。

　　（3）防火涂料涂装方案的选择　　防火涂料不是单独存在的，必须考虑它和基层以及面层的结合，以下将分别就这两方面的内容进行说明：

　　1）和基层的结合：钢结构的表面首先必须涂刷防腐涂料，防火涂料和防腐涂料是否存在材质上的相融性问题，这是一个必须考虑的问题，另一个方面是防火涂料和防腐涂料能否有效地粘结而不脱落，尤其对于一些较大面积的防火涂料施工，很容易存在脱落的问题。对第一个问题必须要求厂家拿出明确的说明和有关的试验报告。对于第二个问题，常常须通过增加一道中间漆，或者称为胶粘剂来解决，或在基层表面连接钢丝网来解决等，总之，应要求设计方和厂家拿出一个明确的解决方案来保证防火涂料不会脱落。在招标之前就应该明确，并将具体要求在招标技术文件中加以明确。

　　2）和面层的结合：对于室内的暴露钢结构，需要考虑面层做法，防火涂料施工之前，就应加以考虑。目前通行的面层做法有三种：一是采用石材或铝板等材料加以覆盖，那么在做防火涂料以前，就应该考虑在钢结构表面焊接相应的埋件。在进行防火涂料施工时，同时也应考虑这些连接节点的防火覆盖。二是在防火涂料表面通过腻子打底找平，然后表面涂刷面漆。如果采用这种做法的话，对防火涂料的表面平整度必然有较高的要求，采用喷涂施工的防火涂料就很难采用这种做法，应采用抹涂施工的方法。在技术文件中，应相应地提出对防火涂料表面平整度的要求，以便施工单位在投标时考虑相应的施工成本。三是采用饰面型防火涂料，但饰面型防火涂料的防火性能较差，不适用于防火要求较高的钢结构工程。

（4）防火涂料的厚度　防火涂料的厚度选择依据有二：一是依据该涂料的防火性能检测报告；二是有关地方标准对防火涂料厚度的强制性要求，如北京市地方标准《建筑防火涂料（板）工程设计、施工与验收规程》（DB 11/ 1245）对防火涂料的厚度提出了强制性的要求，见表 12-4。

表 12-4　钢结构梁的防火涂层设计最小厚度要求

品种 厚度/mm 耐火极限要求/h	膨胀型钢结构 防火涂料	非膨胀型钢结构 防火涂料
0.5	≥1.0	≥8
1.0	≥2.0	≥12
1.5	≥3.0	≥15
2.0	≥4.5	≥18
2.5	≥6.5	≥22
3.0	—	≥25

（5）防火涂料的选用　尚应遵循以下原则：

1）钢结构耐火极限设计要求不大于 1.5h 时，宜采用膨胀型钢结构防火涂料。

2）钢结构耐火极限设计要求为 1.5～2.5h 时，可采用膨胀型钢结构防火涂料、非膨胀型钢结构防火涂料和钢结构防火保护板。

3）钢结构耐火极限设计要求为 3.0h 或以上时，应采用非膨胀型钢结构防火涂料或钢结构防火保护板。

4）选用各种防火保护形式时，还应根据钢构件的使用环境、钢材的形式等因素进行综合考虑。

12.2.2　防火涂装的施工

防火涂装施工前，应注意以下三点：

1）应将钢结构表面的尘土、油污、杂物等清理干净。

2）钢结构应已安装完毕，与其连接的吊杆、支架等也已施工完毕并验收合格，才能够进行防火涂料施工，否则容易造成涂料的污损和破坏。

3）防火涂料施工之前，钢结构应进行除锈及防腐底漆涂装，并应注意，防腐底漆与防火涂料不应发生化学反应。

防火涂料的施工主要有两种施工方法,一是喷涂,二是抹涂。采用抹涂法施工,防火涂料的完成面比较平整,表观效果要好一些。而喷涂法施工则表观效果比较粗糙。在涂料施工前,应根据工程的需要、结构情况及现场条件提出具体可行的施工方案,并且按照涂料厂家的施工工艺要求进行施工。

施工中应着重注意,一是要注意现场的施工环境,如温度和湿度应满足工艺要求;二是防火涂料的分层施工的要求和每层厚度的控制。

12.2.3 防火涂装的验收

防火涂装的验收可参见《建筑防火涂料(板)工程设计、施工与验收规程》(DB 11/1245)的有关规定进行:

1)建筑防火涂料工程施工质量的验收,应在施工单位自检的基础上,按照检验批进行,按照防火保护施工面积,每500m² 划分为一个检验批,不足500m² 也宜划分为一个检验批。防火施工面积超过10000m² 的工程,应由专业检验机构进行检验,取得检验报告后再组织工程验收。

2)建筑防火涂料工程应作为一个独立的分项工程进行验收,也可与建筑工程质量验收同步进行。工程验收应在施工单位自检或专业检验机构检验后,由建设单位项目负责人组织施工单位项目负责人、监理工程师和设计单位项目负责人等进行。

3)建筑防火涂料工程的验收应核查下列资料,并纳入工程竣工技术资料:

①钢结构构件、混凝土结构构件、可燃性基材的防火设计文件。

②建筑防火涂料的产品性能检验报告、强制性产品认证证书、《工程物资进场报验表》《材料、构配件进场检验记录》、见证检验报告。

③施工记录和工程施工质量的检查记录。

④隐蔽工程的检查记录和中间验收记录。

⑤检验批的验收记录。

4)建筑防火涂料工程验收时,应依据资料核查、材料见证检验、工程施工质量检验和现场检查等四方面的结果判定工程质量是否合格。当施工符合设计文件的要求,施工的有关资料经审查全部合格,施工过程全部符合要求,材料见证检验结果和工程施工质量检验结果全部合格,且现场检查无质量缺陷时,工程验收应为合格,否则判定工程验收不合格。

12.3 钢结构组合楼板工程

钢结构工程的楼板形式主要有两种,一种是混凝土楼板,另一种是压型钢板组合楼板。混凝土楼板是在钢梁上部直接浇筑混凝土楼板,钢梁上部焊接栓钉保证钢梁与混凝土楼板的有效连接，施工时须在板底支模以浇筑混凝土，施工速度较慢。压型钢板组合楼板是在钢梁上面铺设压型钢板，通过栓钉焊接将压型钢板和钢梁连接在一起，在压型钢板上面铺设钢筋网，然后浇筑混凝土形成复合楼板，如图 12-1 所示。

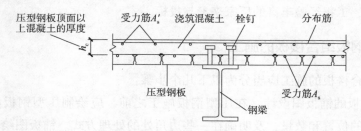

图 12-1　压型钢板组合楼板示意图

压型钢板既可以作为浇筑混凝土的模板，也可以替代部分和全部正弯矩钢筋与楼板一起受力，形成复合楼板。压型钢板铺设完成后也可以尽早为钢结构施工创造作业面的条件。压型钢板分为开口型、闭口型和缩口型三种，由设计根据工程受力特点选用。以下将从压型钢板组合楼板的设计、招标采购和施工三个方面进行说明。

12.3.1　压型钢板组合楼板的设计

压型钢板组合楼板的设计由结构工程师来进行，设计的深度应达到：提出明确的压型钢板技术要求；明确栓钉的数量和布置要求；混凝土楼板的尺寸、配筋及钢筋和混凝土的强度要求等。

12.3.2　压型钢板的招标采购

压型钢板一般委托施工方采购，在采购的过程中如何控制压型钢板的质量和造价，是每个业主关心的问题。

控制造价的最有效的手段是通过招标来进行。控制压型钢板的质量，则需要经过广泛的市场调研后，制订合理的招标技术条件和选定合格的投标人来解决。那么，压型钢板应关注哪些技术指标呢，见表 12-5。

表 12-5　压型钢板的技术指标

指标项目	具体说明
形式	采用开口型、闭口型还是缩口型
截面尺寸	见《建筑用压型钢板》《彩色涂层钢板及钢带》标准或有关厂家的企业标准
钢板的厚度	通过分析计算确定
钢板的强度	通过分析计算，并见相关标准
钢板的防腐处理要求	钢板表面一般有镀锌和镀铝锌两种，应提出明确的公称镀层重量（g/m^2）的要求
钢板的防火要求	应满足防火规范的要求
其他	如通过在钢板表面压制凹槽来增加混凝土和钢板之间的结合作用等

技术指标的最终确定需要进行认真考虑,指标过低无法确保质量,过高则造价难以控制,需要经过认真而广泛的技术研讨和市场调研来确定。

对于选定合格的投标人同样需要经过广泛的调研,确定那些技术实力强、生产质量稳定、生产规模大、工程经验丰富的厂家来参与投标。

12.3.3 压型钢板组合楼板的施工

压型钢板组合楼板的施工应当分为以下几个步骤:

(1) 压型钢板的铺板图设计 在压型钢板施工之前,应绘制压型钢板的铺板图,并标注栓钉穿透焊接的位置和数量,及明确在一些边角处的处理方式。铺板图绘制完成后,应报请结构工程师批准,方可正式施工。

(2) 栓钉穿透焊接的施工 所谓栓钉穿透焊接是将栓钉穿过压型钢板焊接在钢梁上,并与压型钢板焊为一体的一种焊接方法。栓钉穿透焊接与普通的栓钉焊接的最大区别是栓钉焊接时要穿透压型钢板,如何穿透目前有两种方法可以采用:

第一种方法是:预先在压型钢板的焊接位置冲(打)孔,待施工现场铺设后,再将栓钉焊接在钢梁上。这种方法的优点是焊接质量容易得到保证;缺点是费工、费时。

第二种方法是:用电弧将压型钢板烧穿,而后将栓钉焊接在钢梁上。这种方法的优点是压型钢板的穿孔与栓钉焊接一气呵成,简单省事;问题是如何清除与减小压型钢板上的镀锌对焊接质量的影响。

第二种方法由于以下因素的存在,会对栓钉焊接的质量造成不利影响,造成栓钉焊接的合格率比较低,这些因素包括:

1) 为了防腐,压型钢板一般都是镀锌钢板,其厚度为 $0.6 \sim 1.6\,mm$,按《钢-混凝土组合楼盖结构设计与施工规程》(YB 9238)标准规定,其双面镀锌量应$\geq 275\,g/m^2$。锌的熔点约为420℃,沸点为908℃。在栓钉穿透焊时,高温电弧使锌迅速汽化和氧化。锌蒸气加大了瓷环内的压力,增加了飞溅,使焊缝出现咬肉现象;锌蒸气若排不尽,则会在焊缝中产生气孔;锌在焊缝中产生的低熔点共晶体可形成热裂纹;氧化锌在金属溶液中可形成多孔物质。所有这些都严重地影响焊接质量,降低了焊接接头的力学性能。

2) 钢梁上的涂层,钢梁上一般都会预先涂漆以防腐,油漆对栓钉焊接的起弧和焊接质量有重要影响,如果油漆中含有锌、硫、磷等有害元素,这些元素在高温下都会发生化学反应,生成有害化合物,使焊缝出现气孔或裂纹。

3) 钢梁和压型钢板之间的间隙和建筑灰渣,对于栓钉穿透焊接而言,钢梁与压型钢板之间的间隙应≤1mm,其间应无建筑灰渣等杂质。但实际上由于压型钢板的翘曲变形和施工技术等诸多原因,这一要求很难得到保证,如不进行矫正,势必影响栓钉、钢梁和压型钢板三位一体的焊接和焊接成形。

如何克服上述的不利因素,保证栓钉穿透焊接的质量,应主要从以下的方面入手:

1) 编制合理的栓钉穿透焊接工艺,是保证焊接质量最重要的手段。

2）采取有效的措施来减小压型钢板与钢梁之间的间隙，如机械施压、锤击、点焊等方法，使两者的间隙减小到≤1mm。

现场焊接的栓钉应进行抽检，检验的项目分为外观检查和力学性能试验两种，力学性能试验又包括30°弯曲试验和拉伸试验两种。外观检查要求栓钉焊接后的角焊缝在360°范围内连续，其最小焊脚的高度应>1mm，宽度应>0.5mm，咬肉深度应<0.5mm，并无气孔和夹渣。力学性能试验则按相关的标准执行。

（3）钢筋的铺设并浇筑混凝土　按设计文件的要求进行。

本章工作手记

本章讨论了钢结构防腐涂装、防火涂装及压型钢板组合楼板的有关问题。

钢结构防腐涂装	防腐涂装的设计	防腐设计年限；防腐材料和涂装系统的选择；漆膜厚度
	除锈	除锈的方法和等级
	防腐涂料的施工	施工方案的内容和实施
	防腐涂料的检验与成品保护	
钢结构防火涂装	防火涂装的设计	确定耐火等级及耐火极限；防火涂料的选择
	防火涂装的施工	
	防火涂装的验收	
钢结构组合楼板工程	压型钢板组合楼板的设计	设计深度
	压型钢板的招标采购	组合楼板的技术指标
	压型钢板组合楼板的施工	铺板图的设计；栓钉焊的施工；钢筋铺设并浇筑混凝土

参 考 文 献

［1］ 中华人民共和国住房和城乡建设部. 钢结构设计标准：GB 50017—2017 ［S］. 北京：中国建筑工业出版社，2017.

［2］ 中华人民共和国住房和城乡建设部. 建筑抗震设计规范：GB 50011—2010 ［S］. 北京：中国建筑工业出版社，2016.

［3］ 中华人民共和国住房和城乡建设部. 钢结构工程施工质量验收标准：GB 50205—2020 ［S］. 北京：中国计划出版社，2020.

［4］ 中华人民共和国住房和城乡建设部. 建设工程项目管理规范：GB/T 50326—2017 ［S］. 北京：中国建筑工业出版社，2017.

［5］ 中华人民共和国住房和城乡建设部. 建设项目工程总承包管理规范：GB/T 50358—2017 ［S］. 北京：中国建筑工业出版社，2017.

［6］ 中南建筑设计研究院股份有限公司. 建筑工程设计文件编制深度规定 ［M］. 北京：中国建材工业出版社，2017.

［7］ 中国钢结构协会. 建筑钢结构施工手册 ［M］. 北京：中国计划出版社，2002.

［8］ 田威. FIDIC 合同条件实用技巧 ［M］. 2 版. 北京：中国建筑工业出版社，2002.

［9］ 刘维庆，雷书华. 土木工程施工招标与投标 ［M］. 北京：人民交通出版社，2003.

［10］ 刘大海，杨翠如. 高楼钢结构设计 ［M］. 北京：中国建筑工业出版社，2003.

［11］ 聂建国，樊建生. 钢与混凝土组合结构设计指导与实例精选 ［M］. 北京：中国建筑工业出版社，2007.

［12］ 何伯森. 国际工程合同与合同管理 ［M］. 2 版. 北京：中国建筑工业出版社，2010.

［13］ 鲍广鑑. 钢结构施工技术及实例 ［M］. 北京：中国建筑工业出版社，2005.

［14］ 张月娴，田以堂. 建设项目业主管理手册 ［M］. 北京：中国水利水电出版社，1998.

［15］ 王要武. 工程项目管理百问 ［M］. 北京：中国建筑工业出版社，2010.

［16］ 汪大绥，姜文伟，包联进，等. 中央电视台（CCTV）新主楼的结构设计及关键技术 ［J］. 建筑结构，2007，37（5）：1-7.

［17］ 汪大绥，张坚，包联进，等. 世贸国际广场主楼结构设计 ［J］. 建筑结构，2007，37（5）：13-16.

［18］ 汪大绥，周建龙，袁兴方. 上海环球金融中心结构设计 ［J］. 建筑结构，2007，37（5）：8-12.

［19］ 张琨. 中央电视台新台址主楼结构施工 ［M］. 北京：中国建筑工业出版社，2009.

［20］ 伯克. 项目管理-计划与控制技术 ［M］. 陈勇强，汪智慧，张浩然，等译. 北京：中国建筑工业出版社，2008.

［21］ 全国建筑业企业项目经理培训教材编写委员会. 工程招投标与合同管理 ［M］. 北京：中国建筑工业出版社，2000.

［22］ 全国建筑业企业项目经理培训教材编写委员会. 施工项目质量与安全管理 ［M］. 北京：中国建筑工业出版社，2002.

［23］全国建筑业企业项目经理培训教材编写委员会．施工项目管理概论［M］．北京：中国建筑工业出版社，2001.

［24］全国建筑业企业项目经理培训教材编写委员会．施工组织设计与进度管理［M］．北京：中国建筑工业出版社，2001.

［25］全国建筑业企业项目经理培训教材编写委员会．施工项目成本管理［M］．北京：中国建筑工业出版社，2001.